U0159169

远 见 成 就 未 来

GROUP

建 投 书 店 投 资 有 限 公 司
More than books

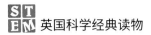
英国科学经典读物

THE SECRET LIFE OF
EQUATIONS

物理的奥秘

这才是有趣的物理方程式

[英] 理查德·科克伦 著

骆海辉 译

闻春国 审译

中国出版集团

中译出版社

图书在版编目（CIP）数据

物理的奥秘 / (英) 理查德·科克伦
(Richard Cochrane) 著；骆海辉译. —— 北京：中译出
版社, 2020.5

　　ISBN 978-7-5001-6198-1

　　Ⅰ.①物… Ⅱ.①理… ②骆… Ⅲ.①物理学—普及
读物 Ⅳ.①O4-49

中国版本图书馆CIP数据核字(2020)第060698号

The Secret Life of Equations

First published in Great Britain in 2016 by Cassell,

an imprint of Octopus Publishing Group Ltd

Carmelite House 50 Victoria Embankment

London EC4Y 0DZ

Text copyright © Richard Cochrane 2016

Design & layout copyright © Octopus Publishing Group Ltd 2016

All rights reserved.

Richard Cochrane asserts the moral right to be identified as the author of this work.

版权登记号：01-2019-7373

物理的奥秘

出版发行：中译出版社
地　　址：北京市西城区车公庄大街甲 4 号物华大厦六层
电　　话：（010）68359101；68359303（发行部）；
　　　　　68357328；53601537（编辑部）
邮　　编：100044
电子邮箱：book@ctph.com.cn
网　　址：http://www.ctph.com.cn

出 版 人：张高里
特约编辑：冯丽媛　任月园
责任编辑：郭宇佳
翻译统筹：刘荣跃
译　　者：骆海辉
封面设计：今亮后声·王秋萍　胡振宇

排　　版：壹原视觉
印　　刷：山东临沂新华印刷物流集团有限责任公司
经　　销：新华书店

规　　格：710 毫米 × 880 毫米　1/16
印　　张：8.25
字　　数：80 千字
版　　次：2020 年 5 月第 1 版
印　　次：2020 年 5 月第 1 次

ISBN 978-7-5001-6198-1　　　　　　定价：39.80 元

中 译 出 版 社

序 言

数学与物理究竟有什么关系，这是一个相当神秘的问题。数学靠的是逻辑推理，其定理一旦得到证明就会永远成立。数学善用理性思维，不太关心物质世界。

相比之下，自然科学则是建立在观察的基础之上，其理论是暂时的、近似的。因此，在我们眼中，数学有着深厚的历史根基，而物理学只不过是近代世界的产物。毕达哥拉斯定理诞生于4000多年前，今天的小学生仍在学习；可4000年前的力学、天文学理论，不再是他们的学习对象。与代代相传的几何学知识不同，物理学理论总是在不断地推陈出新。

有鉴于此，本书主要聚焦近代物理学方程——距今最久远的也不过500年，可每一个方程都堪称物理学中的经典，而且仍旧保留在近代教科书中。诚然，年代久远的物理学理论仍然具有历史意义，但如今，它们大都已为新的理论所取代。严格地讲，书中的一些方程已为其他更精确的方程所超越，可它们依然沿用至今。举例来说，爱因斯坦的质能方程在理论上比牛顿力学方程更为准确，但牛顿力学方程仍然还应用于许多场合。为什么会出现这种情形呢？原因非常简单。在许多物理学应用中，计算精度是否提高其实无关紧要，而且牛顿的力学体系真的要简便得多——尤其是，牛顿力学方程常常可以直接进行求解。

近代科学产生于公元1600年左右绝非偶然。这一时期，代数学方面的发现层出不穷，特别是意大利数学家的贡献——他们接触中世纪阿拉伯数学时间不长，却大大地拓展了代数方法。不过，这些研究上的突破主要集中于纯粹的数学领域，包括为复杂的代数方程寻求新的求解方法。

几乎在同一时期，人们开始采用新的坐标方法来破解几何学难题。通过将方程式"绘制"成曲线，新方法和新猜想不断涌现。其中，对物理学最为重要的方法就是微积分。17 世纪下半叶，在前人几十年研究的基础上，英国著名物理学家艾萨克·牛顿（Isaac Newton，1643—1727）和德国数学家戈特弗里德·莱布尼茨（Gottfried Wilhelm Leibniz，1646—1716）同时创立了微积分。这一革命性的方法准确地建立数学模型。可以说，真正意义上的数学和物理便发端于此，而其核心便是微积分方程。

方程式说起来很简单：等号两边的数学式是等值的。如果将方程式想象为一个以等号为支点的跷跷板，那么，只有当它两端的重量相等，它才可能完美地保持平衡。在物理环境下，这种关系式可以表达两种表现各异却又同样深奥的物理现象。

第一个也是最浅显的观点，就是两种不同的物体保持相同的物理量。这通常被表述为"守恒定律"，意即任何物体在某一过程发生前后，其物理量始终保持不变。各种守恒定律是物理学的基本规律，角动量守恒便是其中一个很好的例子。第二个观点是，两种物体，貌似不同，但以不同的视角观之，其实又是相同的。热力学第二定律描述的物理量被称作"熵"，它究竟意味着什么却难以理解。如果换个说法，"熵"指的就是用温度除以热量所得的商，那么，"熵"一下子就变得简单易懂、便于计算了。

本书旨在帮助读者提高对方程式的理解能力——将方程式视作一个小机器，就可以开启内在视野，唤醒直觉力，以弄清每台机器中每个零件是如何运转的。本书的专业性很强，因为每一个小节都围绕整部书的主题，有的甚至是高等、复杂的方程式。本书所能做的，就是简单地讲述基本观点，指出这些观点之间对话的方式，但有时又需要跨越数学、自然科学和生活的不同界限，这就不可避免地要使用极其简化的语言。对此，我们真诚地希望能受到初学者的欢迎，并得到专家们的谅解。

本书涵盖了近代物理学许多著名的方程式。有些方程式，如牛顿第二定律公式，用到的只是简单的数学方法，如"加、减、乘、除"；有些方程式，如薛定谔波动方程、麦克斯韦方程组，则使用了更高等的数学方法。我们不应该将"高等"数学理解为"深奥难解"；高等方程式只不过更加精练，更为经济而已，单个符号就可以概括更多的内容，从而节省了更多的空间。当然，这可能需要我们花点时间去弄懂符号的作用。尽管用这些方法手工进行运算还需要一番练习，其运算原理却容易理解得多。假若我们一开始就着眼于大局，那么，我们就会发现，其具体细节并不像我们最初看到的那么可怕。

理查德·科克伦
2020 年 5 月

符号列表

下表列出了本书使用的部分符号，它们可能交叉出现在不同的小节中，方括号里标注的是它们首次出现之处。

∇^2 拉普拉斯算符 [热方程，第 56 页]

div, curl   矢量场的散度与旋度 [麦克斯韦方程，第 76 页]

∇ 梯度 [纳维–斯托克斯方程，第 82 页]

目 录

毛球定理

拓扑流形上的矢量场深奥难懂，但一旦弄清它蕴含的事实，就可以理解地球表面为何总有风吹不到的地方。

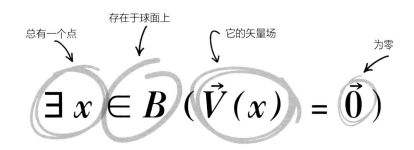

1. 毛球定理的内容

毛球定理新奇有趣，可以简述为：地球表面总有风吹不到的地方。关于风速、风向，我们习以为常的是在地图的某一点上标注箭头，箭头的长度代表风速，箭头的指向代表风向。在通常情况下，我们从地图上了解到的仅仅是一定区域内空气流动的情况。地图是地球展为平面后绘制出来的，所以我们在现实生活中目之所及的任何地方，放在世界范围内都不过是片瓦之地。

假如我们用上述方法来观察全球的空气流动情况，就会发现毛球定理蕴含的道理不言而喻：地球上总有风吹不到的地方，无论这个地方在哪儿，没有风吹过就意味着没有画上风向箭头。

从理论上讲，我们还想不出有什么其他图示方法来描述风的情况。但是，即使放弃用画箭头来表示风向的方式，我们也改变不了空气流动本来的样子：一会儿吹向这里，一会儿吹向别的什么地方。这与气候系统的运行方式无关，关乎的是一个基本的几何事实。

2. 毛球定理的重要性

假设我们为一只毛茸茸、胖乎乎的小猫梳理毛发，它长得像个圆球，那么，根据毛球定理，它身上总会出现一簇毛不听我们的指挥。

这个假想的情形有何妙处？我们一时半会儿还体会不到。毛球定理涉及了微分拓扑这一数学分支，长期以来一直被视为纯数学研究领域最重要的问题之一，但曲高和寡，我们似乎只能间接地依靠它来解决实际问题。

毛球定理在实际中的应用比较广泛。我们上面描述的就是实实在在的例子：气体或别的流体（如流水）在地球表面（或其他表面）连续流动的方式千变万化，可能性多到趋于无穷，毛球定理揭示的正是这一点。再譬如，假设我们旋转一个球体，根据毛球定理，无论转动它的花样如何花哨、如何复杂，在球面上有一个点始终一动不动。

毛球定理在物理学上具有重要的运用价值，在光波、声波和电磁波等球面波研究中的作用突出。不仅如此，毛球定理直接应用于技术领域同样产生了前沿性成果。比如，在2007年，美国麻省理工学院的技术专家格雷琴·德弗里斯（Gretchen De Vries）和她的同事运用毛球定理黏合了金纳米粒子，成功地找到了构建纳米结构的方法，可以使纳米结构变大，变成类似于晶体或聚合物那样的东西。2010年，马克·拉韦尔（Mark Laver）和爱德华·福根（Edward Forgan）两位科学家在英国的《自然·通讯》（*Nature Communications*）

↑ 在一只完全球形的毛茸茸的小猫身上，总有一簇毛伸向别处，所以无论我们怎样梳理，它上总有一簇毛不听指挥。不可否认，这一观的学术性似乎太强了。

物理的奥秘

乍一看，地球表面气流的流向与猫身上的茸毛像极了。

期刊上发表论文，从毛球定理的视角论述了超导体行为的效应。这两个研究项目说明：一些原本被视为极度抽象而无法理解的方程，其实可以激发我们产生具有开拓性的技术思想。

3. 扩展内容

1912 年，荷兰数学家、哲学家布劳威尔（L. E. J. Brouwer，1881—1966）首次证明了毛球定理。也有人宣称，法国的博学通才亨利·庞加莱（Jules Henri Poincaré，1854—1912）其实比布劳威尔更早就证明了毛球定理。那个时期，拓扑学研究取得了丰硕的成果。庞加莱提出了许多重要的拓扑学理论或原理，让人们知晓了一个全新的数学领域。庞加莱的研究工作大都与物理学相关，他与荷兰物理学家亨德里克·洛伦兹（Hendrik Lorentz，1853—1928）的合作研究，为狭义相对论的发展奠定了重要基础。布劳威尔不仅是实用主义者，更是哲学家，甚至是神秘主义者，而他作为数学家，也为数学研究作出了巨大的贡献。

现在，让我们把上述有关球形猫咪之类的假设放在一边，提出一个根本性的问题：毛球定理究竟是关于什么的？

毛球定理是关于拓扑二维球面上的切线矢量场的。下面，让我们分别解释这些术语，并简要地说明它们又是如何结合在一起的。

什么是矢量呢？矢量，可以被想象成一支箭矢，它最重要的特征是其长度和指向。零矢量，即为"一支长度为0的箭矢"——可以想象出长度为0的箭矢是什么样子吗？零矢量，就是矢量越来越小，直至消失。毛球定理告诉我们，在一定条件下，我们总可以在某个地方发现至少一个零矢量。那么，在什么条件下矢量为零呢？我们需要进一步解读。

什么是矢量场呢？空间表面每一个点都可以用一支箭矢来表示，矢量场就是所有箭矢构成的场，所有箭矢紧紧地裹在一起，箭矢之间没有空隙。为了研究各种物理现象，物理学家用矢量场来建立模型，所以就有了电磁场、引力场，也有了研究空气、流水等流体的矢量场。气象图是说明矢量场的最佳实例。在气象图上，箭头表示风向、风速，所有的箭头构成了一个矢量场。当然，我们在气象图上只看到了一部分箭头，为了正确地理解矢量场，我们应该假想气象图上的每个点都有一枚箭头。

什么是切线矢量呢？切线矢量即所有箭矢都不是垂直向上或向下的，而是平放的，与地面平行。让我们以科幻电视剧《神秘博士》(Doctor Who)中出现的反派角色戴立克为例来说明吧。身材矮小、声音怪异的外星生物戴立克在地球表面游荡，它如何寻找攻击目标的方位呢？对于人类非常不幸的是，它在立足之地有矢量为它指引方向，告诉它把触手伸向何方。即使戴立克向左、向右转身，它立足之地的矢量也

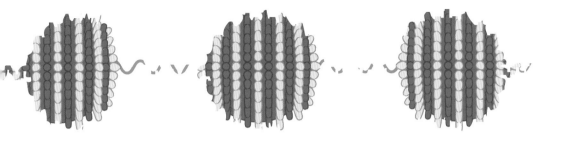

毛球定理可预测颗粒物质上的"簇"，这可以帮助我们将纳米粒子黏合为类似晶体或聚合物的结构。

会随之指向新的方向，引导它在可怕的车轮上旋转。

如果矢量场箭矢的大小、方向没有发生瞬时的跳跃性变化，这就是一个连续的矢量场。即使它是变化的，放大了来看，它的变化可能很快，但也是平稳的。就绝大多数的物理事件而言，我们倾向于假定"自然从来不跳跃"。快速变化时有发生，但我们在自然界看到的变化都不是在一瞬间发生的。当我们描述球面时，只有矢量场是连续变化的，毛球定理才是真实的。

连续的切线矢量场就讲到这里。那么，什么又是拓扑二维球面呢？我们可以想象一个具有拓扑二维球面的东西，比如气球。它由弹性极佳的塑料材料制成，可以任意地被拉伸、挤压、扭曲，也可以用别的办法使之变形。无论怎样变形，即使变得不再是个球了，但只要气球没有被弄破，它就是一个拓扑球面。拓扑学研究的就是变换之后仍保持不变的形状的性质，有时这种变化甚至十分剧烈。对其他类型的曲面，毛球定理并不适用。如果你有一个长满毛的甜甜圈，梳理上面所有的毛就不是难事。当然，谁会要一个长满毛的甜甜圈呢？

二维球面，实质上是嵌入三维空间的二维曲面。地球表面就是二维曲面。

等一等，地球不是三维的吗？

是的，但地球表面不是三维的。我们定位时，用的不正是经度、纬度两个维度吗？简单地讲，"维"是几何学及空间理论的基本概念，通常的空间是三维、平面是二维、直线只有一维——换言之，在确定空间中的一个点时，我们需要用到的坐标值越多，空间的"维"数就越多。总之，毛球定理描述的面是二维的，不是一维的线，也不是三维的物体。

拓扑学家使用的"维"是一个专业性极强的词汇，可以有任意数量（乃至无穷）的"维"。所以，如果维的数量发生了改变，毛球定理就不一定仍然成立。比如，"拓扑一维球面"，其实就是一个普普通通的圆。所以，我们可以轻轻松松地想象出圆上的矢量场是个什么样子：圆的矢量场可以没有零矢量，圆上每个点都可以作与圆弧相切的向量。

然而，毛球定理有不同版本的解释。比如，庞加莱-霍普夫指标定理告诉我们：若球面的维数为偶数，毛球定理成立。接下来可以推断，对于四维球面，毛球定理成立，但四维球面非常难以实现可视化。

至于维数为奇数的球面，譬如圆，它们的矢量场出人意料地具有一个共同特点，那就是：奇数球面上的矢量场在任意一点都不会消失为零。

对于高维拓扑空间研究，似乎仅仅属于孤居在学术象牙塔里的学者。但是，高维拓扑空间研究方法近年突然盛行起来，高维数据空间的拓扑信息分析可以解决大量的科技与商业问题，其重要性与日俱增。

物理的奥

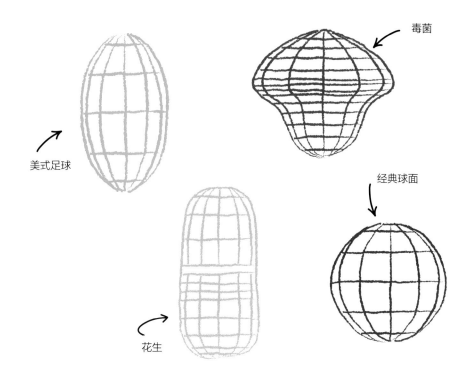

美式足球

毒菌

经典球面

花生

↑ 图中所有这些物体形状在拓扑学家眼里都是球面。如果它们由气球拉伸、挤压而成，只要气球没破，它们分别代表的就是同一个球面。每个形状本身是三维的，它的表面却是二维的。这些变形的二维球面，是毛球定理的变体关注的对象。

总结

矢量场在现代物理学中随处可见。空间的拓扑研究决定了哪些矢量场可能存在，哪些矢量场不可能存在。

开普勒第一定律

为什么地球的运行轨道是椭圆的而不是正圆的?

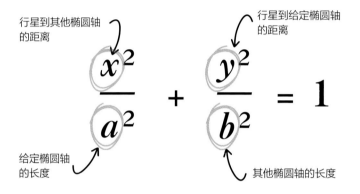

行星到其他椭圆轴的距离

行星到给定椭圆轴的距离

$$\frac{x^2}{a^2} + \frac{y^2}{b^2} = 1$$

给定椭圆轴的长度

其他椭圆轴的长度

1.开普勒第一定律的内容

怎样画圆呢? 最常用的办法是: 固定一颗钉子,以它的位置为圆心;在钉子上绑一根线,在线的另一端绑一支笔;把线绷直了用笔画一圈,就可以画出一个圆了——这实际上和圆规画圆的原理相同。为什么这样画出来的曲线是个圆呢? 这是因为那根绷直了的线在起作用,它使曲线上每一个点到钉子的距离相等,所以,这条曲线就是圆。

同样地用钉子、线和笔,也可以画出椭圆来。稍有不同的是,画椭圆需要两颗钉子。把两颗钉子分开固定,将线(长度大于两颗钉子间距离)的两端各绑在一颗钉子上。此时,两颗钉子的位置不再是圆心了,而是椭圆的两个"焦点"。再用笔将线绷直,这时候两个点和笔就构成了一个三角形的三个顶点;然后,用笔画一圈,在此过程中要把线一

物理的奥

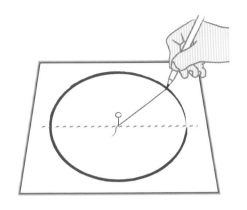 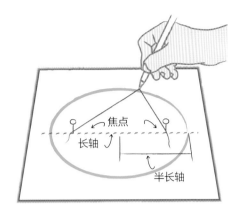

焦点

长轴

半长轴

上图演示的就是千百年来工匠用线来画圆和椭圆的方法。

直绷直，就可以画出一个椭圆了。一直把线绷直挺难的，但是，千百年来，木匠、园丁、建筑师以及（时间更近的）麦田怪圈的制作者都是用此方法画椭圆的。

从外观上看，椭圆像是由圆拉伸而成的。在德国天文学家约翰尼斯·开普勒（Johannes Kepler，1571—1630）于1605年提出他的定律之前，聪明的艺术家就已经发现，他们可以通过透视绘图法将圆画为椭圆。

多亏了开普勒，我们现在才知道行星沿着椭圆轨道环绕太阳运行，而太阳则位于其椭圆轨道的一个焦点上。开普勒将古人有关圆锥截面的几何学知识与当时制造望远镜的技术相结合，提出了这条定律，进而构建出人类历史上最为精准的太阳系模型。

2. 开普勒第一定律的重要性

至少从公元1世纪开始，天文学家就通过数学建模来探索宇宙了，其代表人物是罗马帝国时期希腊的天文学家、地理学家、占星学家和光学家克罗狄斯·托勒密（Claudius

Ptolemy，约 90—168）。他提出了模型来分析月球、太阳、行星和恒星的轨道，认为所有天体都围绕地球在球形壳层上运动。球形壳层就是天体绕地球运动的轨道，完美地呈现为以地球为圆心的正圆。

但是，根据托勒密模型作出的天文预测，与实际观测结果并不相符。因此，为了能够精准地预测天体运行的实际情况，天文学家不断地对该模型进行复杂的"修补"。

尽管如此，用托勒密模型分析的方法被天文学界视为标准方法，据此形成了有关天体运动的主流观点，一直流行到16 世纪早期。随后，波兰天文学家、数学家尼古拉·哥白尼（Nicolaus Copernicus，1473—1543）才提出了新的数学模型，认为地球等行星绕着太阳转，月球绕着地球旋转，地球绕着自己的轴心旋转！

哥白尼的主要观点，现在几乎尽人皆知。他的模型是一个数学系统，整合了前人的许多思想，但它的预测结果远远没有达到令人满意的程度。与托勒密模型需要复杂的检验与调整步骤相比，它最大的优势是简便实用。

与托勒密模型相比，哥白尼模型已经有了翻天覆地的变化。但在哥白尼的模型中，托勒密的个别观点还是保留了下来——比如，哥白尼也认为天体运动的轨道是完美的圆形。

又过了差不多半个世纪，开普勒才提出他的定律。开普勒在解释自己的天文观测数据时，突发奇想，认为行星的运行轨道应当是椭圆的。他无法证明，也无从解释自己的想法，但是，他的模型分析结果实际上更好地契合了观测数据，所以，他一直坚持自己的观点。

1543 年，哥白尼在临终前发表了具有历史意义的著作——《天体运行论》（*De Revolutionibus Orbium Coelestium*），完整地提出了"日心说"理论。

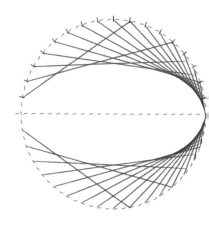

↑ 如图所示，我们可以用所谓的"螺纹结构"来绘制出近似于椭圆的图形来。假如太阳突然消失，行星可能会按照图中任一条直线所示的轨迹来运行。

物理的奥

需要指出的是，哥白尼模型系统之所以能够较准确地描述行星的运动问题，是因为行星轨道的确接近于正圆。但是，该模型不能解释诸如彗星运动之类的天文现象。每一颗彗星的运行速度都极快，与地球擦肩而过。彗星的运动与其他天体的运动一样，具有复杂的周期性。但是，它们再次掠过地球的时间似乎特别漫长，天文学家很难预测出它们的回归周期，这表明其很有可能没有做圆周运动。

结果证明，彗星的运动轨道比行星轨道更接近椭圆，至少在我们的太阳系是这样的。开普勒的模型可以帮助天文学家计算出彗星的轨迹和它们的"周期"，最终解决了自古以来无法预测彗星何时回归的问题。

1705 年，英国天文学家、数学家埃德蒙·哈雷（Edmond Halley，1656—1742）预测了彗星运动周期，由此成为准确预测该周期的第一人。他把牛顿定律应用到彗星运动的研究上，并预言自己观测到的那颗彗星每隔 76 年就会回归地球一次。后来，那颗彗星果真如期而至，这不仅证明了哈雷作出了正确的预言，还证明了自开普勒以来的新天文学具有强大的天文预测能力。

与大多数的物理学定律一样，开普勒的轨道定律得出的也是近似值——实际上，太阳系的行星轨道还不是完美的椭圆。不过，开普勒的近似值真的非常接近行星的实际轨道。所以，在今天的太空探索中，我们仍用它来计算人造卫星、月球、行星等天体的轨道。

下面，我们特别谈一下人造卫星的轨道——影响人造卫星运动从而阻止它飞入太空的唯一因素，是地球的引力场。从某种意义上讲，人造卫星处于自由落体状态，但是它又不会撞击地球的原因在于：它与彗星、行星一样，在太空中以椭圆轨道飞行。当然，地球是它椭圆轨道上的一

个焦点。

怎样将人造卫星轨道拉伸为椭圆形呢？这取决于我们想让人造卫星做什么。有些人造卫星的轨迹几近圆形，有些又被发射在"高椭圆轨道"上。与环绕太阳飞行的彗星类似，人造卫星一边自旋保持稳定，一边环绕地球飞行完成任务。在飞近地球的某个点时，它会在附近停留一段时间，然后，再快速地继续余下的太空之旅，以完成特定的观测任务。

譬如，自欧洲空间局实施"星群二号"（Cluster II）计划以来，该机构已经成功地发射了四颗探测卫星，它们在椭圆轨道上环绕地球运行，其任务是详细地绘制地球磁层图，从而研究太阳风的效应。顺便说一句，磁层又称磁圈，是包裹地球周围的磁场区域，相当于地球的保护层，可使地球免

↑ 开普勒将前人设定的行星圆轨道拉伸成了椭圆轨道。

物理的奥

遭太阳风的冲击。

3. 扩展内容

本节讨论的公式是用来计算圆锥截面的：

$$Ax^2 + Bxy + Cy^2 + Dx + Ey + F = 0$$

设 $A = \dfrac{1}{a^2}$，$C = \dfrac{1}{b^2}$，$F = -1$；设其他字母的值为 0。那么，上面方程就变为：

$$\frac{1}{a^2}x^2 + 0xy + \frac{1}{b^2}y^2 + 0x + 0y + (-1) = 0$$

在开普勒生活的时代，圆锥曲线对西方的数学家来说，还是崭新的知识。但开普勒为何被这一新知识深深地吸引住了呢？其中可能有科学道理，也可能有其他原因——开普勒本人十分着迷的思想是，宇宙万物如美妙音符，它们的理性秩序皆由"天体音乐"控制。直到百余年之后，到了牛顿时代，人们才对天体的椭圆轨道给出了合理的解释。

开普勒关于行星轨道的描述，通常被总结为开普勒三大定律。第一定律是本节讨论的，认为行星轨道是椭圆形的。第二定律认为，行星在轨道上的位置不同，运动速度也不同——靠近椭圆轨道长轴顶点时，行星就像被鞭打了一样，速度极快；但在其他较为平坦的轨道位置，行星的速度相对就慢一些（参见第 31 页）。第三定律认为，轨道椭圆越大，行星绕行一圈的时间越长。所以，火星上的一年比地球上的一年时间更长：火星上的一年，不再是 365 天了，却相当于地球上的 687 天。

上面的归纳可能粗略了一些，但开普勒三大定律都可

物理的奥秘

GRAPHIA
MVNDANI
MAICI.

ORIENS

以用数学方法来推导，也都可以用牛顿建立的物理方法来推导（参见第 16 页、23 页）。开普勒以观测、直觉为基础，提出了关于天体运动的三大定律，探索了天体运动应该遵循的规律。牛顿后来证明了开普勒三大定律。开普勒在前，牛顿在后，但我们现在讲述开普勒三大定律时，却喜欢从牛顿讲到开普勒。牛顿理论使用的数学语言是矢量积分，这是由他开创并为此贡献了一生的数学技术，至今仍有广泛的应用。但它对运算要求极高，不易掌握和使用。在开普勒提出三大定律时，并没有借助矢量积分这一工具。所以，开普勒以自己的实际观测与直觉想象，实现了人类对行星轨道认识的一次伟大飞跃，堪称奇迹！

← 托勒密的太阳系模型

总结

　　除了数学家之外，天文学家也对圆锥曲线抱有极大的兴趣。在哥白尼之后，开普勒以圆锥曲线构建了一个极为优美的数学模型，准确地描述了行星绕太阳运行的椭圆轨道。

牛顿第二定律

就所有的物理学方程而言，牛顿第二定律的表达式即使不是最完美的也是最著名的。

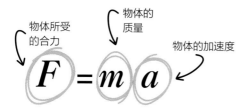

1. 牛顿第二定律的内容

在阳光灿烂、无风无雨的日子里，我们抛出去的皮球，会沿着一道拱形曲线飞出：它首先向上升高，到达某个高点后才开始下落，最后在不远处着地。假若我们多观察几次，就会发现一个奇怪的现象——皮球每一次飞行的轨迹不同，但所有轨迹的类型都相同。即使我们每一次抛球的角度不同，手腕的力道不同，皮球总是会沿着类似的轨迹升高、落地。我们不禁要问：皮球飞行的背后，难道还有什么神秘的自然法则吗？

牛顿第二定律是以英国著名的物理学家艾萨克·牛顿爵士的名字命名。该定律以极为简洁的形式描述了合力、质量和加速度之间的关系，使用方便，可以科学地解释物理世界的许多问题。所以，从它诞生直至今日，工程师、科学家都用它来进行物理计算或提出科学预测。可以说，其应用范围之广，早已为人所知。

在牛顿提出运动定律时，定律中的诸多思想业已形成。

物理的奥

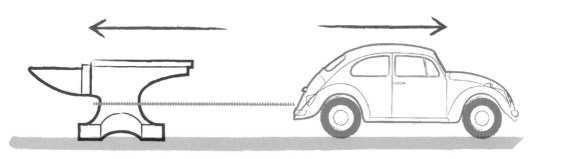

如图，汽车需要（向右箭头所示的）前进动力来克服（向左箭头所示的）摩擦阻力。当总的外力有超出汽车的总重量，汽车即可前行。

他的贡献在于，将似乎可以利用的思想整合起来，用单一的机制来分析和解释宇宙万物，则物体的运动方式皆有规律可循，而且，物体运动的规律性既不模糊，又可预期。

2. 牛顿第二定律的重要性

　　牛顿第二定律是单一的物理学发现，但它的影响巨大而深远，在科学史上声誉极高。它是过去几百年以来的物理观测与数学思想的融合，它所建立的一个独立、连贯的系统，能够解决许许多多的实际问题。牛顿的研究范围相当广泛，除了物理学研究之外，他还对炼金术、占星术等神秘而复杂的学问抱有浓厚的兴趣。与前人的研究相比，他提出的运动定律不再含糊不清，也不再神秘莫测，这个定律可谓简洁流畅、严谨细致。因此，牛顿的研究方法对后世科学家的影响极为深刻：犹如人人需要呼吸新鲜空气一样，科学研究就应以牛顿那样的崭新研究风格引领时代的思想前沿。

　　牛顿创立的理论体系通常可概括为三大定律，本节讨论的是牛顿第二定律。

　　牛顿第一定律告诉我们，任何物体在不受任何外力作用时，都会保持匀速的直线运动状态或静止状态。假若我们在没有外力的空间里抛皮球，它会一直以直线方式运动，不会加速，也不会减速。一旦皮球受到外力的影响，比如，受到地心引力的作用，它的运动方式就会发生改变。

牛顿第三定律通常被表述为，"相互作用的两个物体之间的作用力和反作用力总是大小相等"。这句话堪称经典语句，但它并未逐字翻译牛顿的拉丁语原文，没有完整地体现牛顿的原意。譬如说，把咖啡杯放在桌子上，引力会把杯子吸引向地板，对吧？或许，我们会说，咖啡杯之所以没有掉到地板上，是因为咖啡杯与桌子的作用力与反作用力大小相等，方向相反。但难以理解的问题是，为了不让咖啡杯掉在地板上，桌子怎么知道用多大的力刚好可以把杯子向上推？当然啦，仅从表面来看，这样的问题会不会有点儿天真？

↓ 你越强壮，投球的力气越大，会使皮球产生加速度也越大。

投球无力，投不远

物理的奥秘

让我们假设你穿着旱冰鞋推汽车启动。你推第一下就会发现，汽车好像在把你向后推，对不对？这是不可思议的现象，汽车是怎样把你向后推的？或许，我们大多数人都会回答说，这不是汽车在把你向后推，是你在把自己向后推。但是，你会反驳道：我是在向前推车啊，不应该导致向后的运动啊——牛顿第三定律却明明白白地告诉我们，确实产生了向后的运动！这是每个人都可以通过生活经验来验证的。

3. 扩展内容

怎样理解、把握牛顿第二定律呢？最简便的方法是计算。

假设我把一个质量为1kg（千克）的皮球直直地抛向天空，它落下时再把它接住——这样设定它的质量，一是为了便于计算，二是为了将需要考虑的因素减少为一个，即皮球的高度。我们还需要用到一只秒表来计时：记下从抛出皮球的那一瞬间到接住皮球那一瞬间的时间。假设我们通过计算（或分析录像）得知，皮球的速度为20m/s（米/秒）。一旦皮球被抛向空中，作用于它的外力就只有一种，那就是引力。从前面的章节内容可知，任何物体在靠近地球表面时，由引力产生的加速度为 -9.8m/s^2，因此，我们可以得出：

$$F = 1 \times (-9.8) = -9.8 \text{kgms}^{-2}$$

力的大小的单位叫牛顿，简称牛。但上述内容还不足以说明这个计量单位的精妙之处，那就让我们继续通过计算来说明吧。

借用一点点微积分知识，我们可将上面的方程重写为：

$$-9.8 = 1 \times \frac{d^2h}{dt^2}$$

注意，字母 h 在上面等式中的用法，是我自己设定的——它表示皮球在时间 t 的高度。我们知道，加速度是速度的变化率，但速度本身也是位置的变化率，所以，加速度是位置对时间的二阶导数。用专业术语来讲，方程 $F=ma$ 是一个自含导数的"微分方程"。或许，正是因为 $F=ma$ 可以如此理解，微分方程才成为物理学研究领域中几乎最为通用的语言。

接下来，对上面方程两边进行积分计算可得：

$$-9.8t + v = \frac{dh}{dt}$$

其中，似乎又有未知的值。但实际上，摁下秒表时，t 值为 0，速度为 20m/s，因此，让方程成立，简单地将 $v=20$ 代入即可：

$$-9.8t + 20 = \frac{dh}{dt}$$

至此，我们有了一个便捷的小工具，可以快速地算出皮球在任一时间的运动速度。我们甚至可以根据常识说，若皮球抛出去大约 2s（秒）就停止运动了，意味着皮球在那一刻达到了它的最大高度，皮球不再升高，开始回落。那么，皮球究竟升了多高？再做一次积分运算，可得：

$$-4.9t^2 + 20t + s = h$$

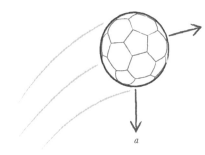

↑ 皮球的速度矢量指向其运动方向，而引力作用下的加速度则把皮球沿竖直向往下拽。

物理的奥

其中，s 的值为未知数——但是，和上面一样的情况，摁下秒表时，t = 0，那么，此时皮球的高度 h，应当是从我手上抛出去时我双手的高度，假设为 2m，则可得：

$$-4.9t^2+20t+2=h$$

那么，皮球到底被抛出去多高呢？我们已知它到达最高处的时间大约为 2s，即 t = 2s，因此，它的高度是：

$$-4.9\times2^2+20\times2+2=22.4m$$

再做几步简单的代数运算，就可以算出：从皮球被抛出去大约 4s 后，我就可以再把它接住。——在计算之前，关于皮球运动的数据我们知之甚少，但是现在，我们是不是计算出了很多数据了呢？

另外，无论是用力抛球，还是轻轻地抛；无论是在地球上抛球，还是在月球上抛——即使月球的引力不同，我们也可以通过积分运算，代入不同的数字，将方程 F=ma 换成形式不同、实质一样的其他方程。令人印象深刻的是，如果用皮球的高度对时间求导，我们得出的方程看起来就像 $-At^2+Bt+C$ 一样了——嗯，这就是曲线方程了。同样的方法可用于炮弹观测、卫星观测等。

注意，上述分析皮球运动的数学模型并非十全十美，还有一些因素没有考虑到，如空气阻力、皮球自旋力，以及皮球运动过程中不同阶段受到的引力影响不同等。但是，牛顿定律在解决物体运动问题时，具有较高的适用性（除非是需要应用相对论或量子力学来解决的速度、大小等问题），只要我们将上述模型稍加改变，就一定可以精确地

计算出想要的任何结果。所以，时至今日，牛顿力学在解决实际问题上依然有用武之地。

在大多数情况下，摔跤就是用力让对手产生速度，而不要让自己产生加速度。

总结

在合力、质量和加速度三者之间，只要已知其中两项，就一定能够求出第三项。用微积分的语言，用速度是位置函数的导数、加速度是速度函数的导数来转换加速度，这是构建牛顿力学的基石。

物理的奥秘

万有引力定律

这是第一个关于引力的现代理论，在爱因斯坦提出理论之前一直处于无可替代的地位，至今仍被广泛应用。

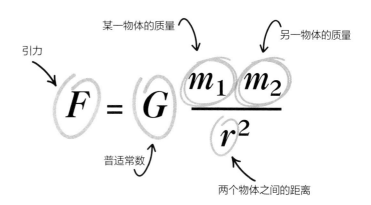

1.万有引力定律的内容

宇宙的起源极其复杂，人类的相关探索却在16世纪、17世纪取得了巨大成绩，突出地表现在已有的理论得到了完善，新的学说又陆续涌现。然而，一直到（17世纪后期）艾萨克·牛顿爵士生活的时代，宇宙学繁荣的表象后面，仍然是令人难堪的混乱。人们普遍认为，新的假设听起来不无道理，却失去了原有体系的和谐与逻辑。即使那些自称"自然哲学家"的人，可以帮助人们更好地理解宇宙万物，但他们提出的预测以何为基础？自然法则虽然不以人的意志为转移，但人们隐约感到，它们自身一定蕴含着某种简单的道理。

1687年，牛顿创作的《自然哲学的数学原理》（*Principia Mathematica*）首次出版。这部著作无论从哪个角度来评判，都堪称物理学及哲学巨著。即使只看以下内容，本书也是极其重要的——牛顿明确提出，物理学应当围绕"力"这一核心概念来构建；宇宙万物之间存在一种至关重要的力，谓之"引力"。

在牛顿之前，已有一些关于引力的理论。但牛顿试图将引力作为其他概念之基础，并以单一的万有引力原则来重建自然之秩序。但事实是，包括牛顿本人在内的所有人，都不太清楚什么是引力，更不明白引力怎样发生"超距作用"——引力作用有点像变魔术。

2. 扩展内容

引力是两个物体之间相互拉拽的力。事实上，牛顿并不知道引力如何作用于物体，甚至不知道它是否真的存在。但自从引入了这种神秘莫测的引力之后，他的模型变得功能强大，使用简捷。他发明的公式更是人见人爱，举世闻名。

牛顿的万有引力公式，与物体构成、来源、运动还是静止都无关；而利用该公式仅通过物体的质量、物体间的距离，即可计算出物体之间的引力。公式简洁、朴素。然而，公式的计算结果，无一不符合实际观测数据——无论是观测地球上的物体，还是夜观宇宙中的天体，计算结果皆可得到证实。

关于牛顿的万有引力公式，有三点需要在此提及。第一，公式中两个物体的质量是相乘关系。这意味着，即使质量只有微小增加，也会使力产生相对较大的增长。

第二，公式中两个物体的质量乘积除以物体间距离的平方（可解释物理学家所谓的"平方反比定律"），这意味着，两个物体相距越远，彼此之间的引力影响就越小。

第三，公式引入了常数值 G。这意味着，这个常数与

↑ 1971 年，美国宇航员艾伦·谢泼德（A[l]
Shepard，1923—1998）完成的太空实验表[明]
由于月球上的引力小，高尔夫球被引力向下
拉的速度变慢，因而可以飞得更远。

物理的奥[秘]

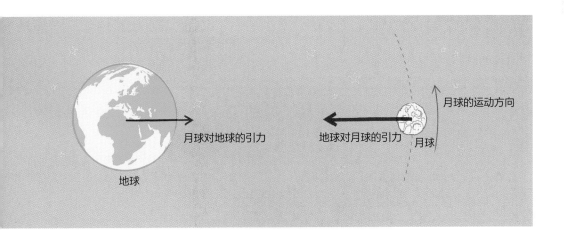

月球的运动方向

月球对地球的引力

地球对月球的引力

月球

地球

地球引力对月球的影响大，月球引力对地球的影响小。

两个物体的大小、位置等毫无关系。实际上，常数 G 的值，与任何东西无关：就我们所知，这个常数也被称为万有引力常数，但无论怎样，它都是一个"普适常数"——但凡在物理公式或模型中用到它，它的值皆为定值。

今天，我们将引力视为宇宙四种基本力之一，其他三种力——电磁力、强力、弱力——在理论上都可以根据它们的名字来理解。直至 19 世纪，电磁力才得到了清晰的理解（参见第 76 页）。强力、弱力只是在原子里短距离作用的力，因此，它们的概念与意义也就被排除在我们日常生活经验之外了。

总结

引力是物理学上最基本的力之一。任何物体之间都有相互作用的引力，而牛顿万有引力公式表明：引力的大小取决于两个相互作用的物体的质量以及它们之间的距离。

角动量守恒定律

角动量守恒定律是关于旋转物体的基本定律，可以解释旋转运动，包括花样滑冰中的转体动作、走钢丝时的平衡动作、机械调速轮的转动以及中子星的旋转等。

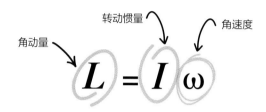

1. 角动量守恒定律的内容

如何理解角动量守恒的公式呢？最简单的办法是用一把转椅做一个简单的物理实验。

你坐上转椅，开始第一次旋转。假如转椅的轴承具有良好的润滑性，那么，转椅就会不停地旋转，直到几秒钟之后，阻力的作用才将它的速度降下来。

下面做第二次旋转。在转动一两秒钟之后，你双手拿着重物把双臂伸出来。双臂一定要伸直，但重物不一定是特别重的物体，可以是一本厚厚的图书。注意，你会突然慢下来。

再做第三次旋转。这一次，你一开始就双手拿着书，双臂伸出来，在转动一两秒钟之后，再把双臂收回来，将书抱在胸前。你停下来了吗？没有。你反而越转越快。

你可以重复以上的实验，但会发现结果将是一样的，那就是：把双臂伸出去或者抱在胸前，可以有效地控制旋转速度。

发生了什么呢？重物（图书）有一定的角动量。当你拿

→ 17 世纪荷兰科学家克里斯蒂安·惠更斯
他的著名发明——摆钟。

物理的

着书把手臂伸出去，书转动同样的角度所要移动的距离更远了，所以转速就会慢慢降下来。当你把书抱在胸前，它就不再移动那么远的距离，就会和你一起越转越快，直到阻力使你停下来为止。

上述实验中，转椅似乎"知道"加速和减速。当你在改变双臂的位置时，转椅会随之加速和减速，而你的双臂根本没有接触到转椅，这真有些令人惊奇！

2. 角动量守恒定律的重要性

角动量是描述所有旋转物体的基本物理量之一。可以说，宇宙中所有物体的运动，最为常见的除了直线运动，就是旋转运动了。

17世纪后期，荷兰物理学家、天文学家、数学家克里斯蒂安·惠更斯（Christiaan Huygens，1629—1695）和其他科学家在对时钟和钟摆的研究中诞生了角动量的基本概念。

理解角动量具有重要意义。从过去到现在，制造包括时钟齿轮在内的各种机械齿轮都离不开摆动。可以毫不夸张地说，工业革命之所以发生并取得成功，正是得益于人们正确地了解了机器调速轮与调速器之间的角动量。

前后反复进行的钟摆运动，看似与稳定的圆周旋转没有多少共同之处——悬挂于定点的摆，毕竟会在最高处停下来。所以，可以肯定的是，一次普通钟摆运动的角动量是没有留存下来的——但是，钟摆运动与旋转运动又是紧密相关的。

常做旋转运动的人，一听就会明白角动量的概念与应用。体操运动员、杂技演员在后空翻时，通常会先把身体缩成一团，为的就是可以快速地在空中完成翻转。如果他们在着地之前，只能在空中翻转半圈，就有可能摔伤自己的身

滑冰运动员收拢手臂，可以减少转动惯量；由于角动量守恒，他们身体的转速自然会提高。

体。花样滑冰运动员可以利用转椅实验的原理来控制自己旋转的速度。此外，高台跳水运动员、铁饼运动员、摇摆舞者，以及从事各式棍球及棒球运动的运动员，都会用到角动量。更令人感到不可思议的是，极限运动员手持长杆在高空缆绳上行走，斗牛士比赛时伸出一只手，都是为了利用角动量来保持平衡。

除了人类在运动中及机械制造中运用之外，长尾巴的动物同样惯用角动量，它们敏捷的肢体运动和平衡技巧，皆与此有关。猫的能力最为典型：猫能上房、爬树、翻墙，一旦从高处落下，它就会在空中不停地扭动四肢，利用角动量实现安全着地——请大家一定不要用身边的猫来做实验！传说猫有九条命，但是猫从高空摔下来成功保命的概率，并没有我们想象的那么高。

宇宙中的许多天体，也在一刻不停地旋转。其中，"脉冲星"的旋转最为激动人心。为什么会有脉冲星这样旋转的中子星呢？一些像太阳一样体积超大的恒星，虽然旋转相对较慢，但最终会瓦解，变成体积更小的中子星。中子星的转速极快，有点类似于你在转椅上把双臂抱在胸前，占有空间减小，速度变快。当然，中子星的体积和转速都是宇宙级的。

与恒星相反，粒子的体积极其微小，但所有的基本粒子都具有一种属性，称为"自旋"，这也是一种角动量。当然，量子世界里粒子的自旋是类比的表述，仅仅从字面意义去理解是不够的。譬如说，根据波粒二象性，将一个电子视为空间里旋转的小球，并不完全正确。

3. 扩展内容

动量大小，代表让物体停止旋转的困难程度（参见第16页）。线性动量是物体线性运动产生的，而不是旋转运动产生的，所以，它的大小可用质量乘以速度来计算。这是有道理的：影响物体在运动轨迹上停下来难易程度的因素，就是物体的质量和运动速度。换言之，一辆速度为 30km/h（千米／小时）的汽车，与一只同样速度的纸飞机相比，发生撞击的后果会更严重；如果汽车的速度更快的话，后果也会更严重。注意乘数的意义：假设汽车和纸飞机的速度同样增加一倍，但因为汽车的质量大，所以即使乘以相同的速度，汽车撞击的后果也会比纸飞机的严重得多。

计算角动量的原理相同，但稍微有点复杂、微妙。首先，我们需要以角度来描述速度。也就是说，直线运动的每秒多少米，在这里要换成每秒多少度。譬如说，若以 60°/s（度／秒）的速度旋转，那么，完整地转一圈（360°），就需要 6s。这叫角速度，在本节讨论的公式中用 ω 表示。

其次，公式中的质量同样微妙。让我们再以转椅实验为例来说明。在上面的实验中，我们假设的是人坐在转椅上将

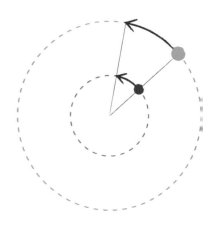

↑ 假设绿色物体与蓝色物体完成圆周运动的时[间]相同，那么，绿色物体的运动速度应当更[快]，因为它的运动轨迹更长。

物理的奥[秘]

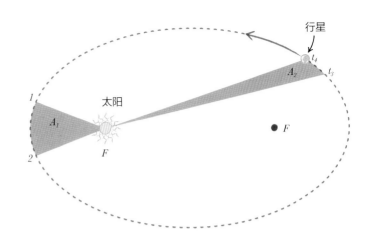

行星

太阳

A_1

A_2

t_4

t_3

F

F

1

2

手臂伸出来。现在我们仍然假设有人坐在转椅上旋转，但伸出来的是长长的杆子。如果你分别被那人的手臂和长杆撞了一下，那么，哪一次撞击会让你觉得更疼一些呢？凭直觉，长杆在空间里转动的速度更快。转椅旋转一圈的时间是固定的，所以，长杆完成一圈的路径更长，这意味着长杆会聚集更多的冲击力，需要更大的力量才能将它的转动停下来。这种"停止难度"用"转动惯量"（I）来表示。在这里，转动惯量相当于线性运动中的质量，用它与另一个停止难度的角速度相乘，就可以算出角动量。

这一原理同样可以用来解释行星绕太阳的转动。行星运动的轨迹不是正圆，而是椭圆（参见第 9 页），这意味着，它们在某一段轨道上的角速度会比在其他轨道段上快一些。这好比是用一根线系着地球绕太阳转动，线放得长一点，地球就转动慢一点；线收得短一点，地球就转动快一点。所以，只要没有显著的外力影响，宇宙中所有轨道天体的运动都可以用这一原理来解释。

在通常情况下，角动量守恒定律仅适用于"单独的"

或"封闭的"系统——这是自然规律的限度。

仍以转椅旋转实验为例：如果转椅在旋转时，被人为地推了一下或减慢了速度，那么，我们的实验结果就是无效的。在此情形下，所有产生角动量守恒的假设条件都不存在了。

或许，你还听说过物理学上其他适用于质量、能量、线性动量的守恒定律。1915年，德国数学家艾米·诺特（Emmy Noether，1882—1935）解释了对称性和守恒定律之间的根本联系。就一个物理系统而言，其公式所蕴含的对称性都对应一个守恒定律。对称性与守恒定律相互关联，但结果极为抽象、笼统。由于诺特这位伟大女性的贡献，人类发现了更多的守恒定律，包括量子物理学中的规范对称性。从某种意义上讲，诺特让我们对物理学上的守恒定律有了更深刻的认识。诺特提出的这种可期待对称性一旦缺失或者被"打破"，就与希格斯玻色子存在的猜想紧密相关了。

位于瑞士的欧洲核子研究中心（简称CERN）经过多年努力，在希格斯玻色子被预言半个多世纪后，通过实验证明了这种粒子的存在。

总结
物理学提出了诸多守恒定律，通常可以帮助我们更深刻地了解物理世界发生的事情。圆周运动极为普遍，所以，角动量守恒定律极为重要。

物理的奥

理想气体定律

理想气体状态方程简单地用温度、压强、体积和质量来解释诸多真实的生活现象，包括高压锅通过气压提升沸点，热气球利用加热的空气产生浮力，等等。

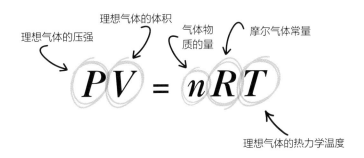

理想气体的压强 　理想气体的体积 　气体物质的量 　摩尔气体常量

$$PV = nRT$$

理想气体的热力学温度

1. 理想气体定律的内容

或许，与本书讨论的其他定律相比，理想气体定律并不特别令人惊异，不会给人留下深刻的印象，甚至会让人觉得单调枯燥、微不足道。本书将理想气体状态表达式视为著名方程之一，原因有二：第一，简洁的方程中包含了诸多的变量；第二，空气与我们如影随形，无处不在。

或许，你已经在科学课上了解到气体的压强、温度和体积之间的关系。理想气体状态方程描述的原理，在日常生活中的应用范围极其广泛。

一只充满热气的气球鼓鼓的，气体冷却以后气球就瘪了，因为冷空气的体积比热空气的小。挤压一只气球，可能会把它挤爆，因为挤压减小了气球的体积，增加了气球内气体的压强。

日常的烹调中也有类似的作用。高压锅通过气压提升水的沸点，烧水的锅也是如此——我们把一口锅盖上锅盖后更容易烧沸水，因为锅盖增加了锅里气体的压强，提升了水温。

蒸汽机是众所周知的重大发明，它的出现原因很多，其背后同样包含了上述原理。蒸汽机的锅炉把水加热汽化成水蒸气，水蒸气体积不断膨胀产生巨大的气压，气压推动活塞运动产生机械能。

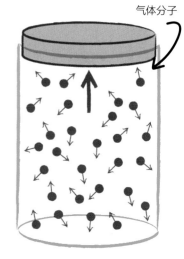

气体分子

2. 扩展内容

如果气体在我们的脑海里只是一团模糊的东西，那么，我们就很难弄清楚上面提到的一些术语究竟意味着什么。那团模糊的东西似乎具有一些神秘的特征，如"温度""压强"，这就好比说一个人具有某种特殊的品质，如"聪慧""毅力"——这些专业术语，我们真的定义清楚了吗？

如果我们把气体想象为一堆乒乓球，或许可以便于理解。这些乒乓球（空气分子）体积小，无重量，既嗖嗖地飞驰，又蹦蹦跳跳。让我们想象一下：在装满空气的容器里，空气分子飞驰的快慢，决定了空气温度的高低；空气分子蹦蹦跳跳的频率高低，决定了气体压强的高低。

因此，理想气体定律几乎是显而易见的。加热气球内的空气，意味着加快了空气分子飞驰的速度，所以，空气分子与气球内壁碰撞的次数增多（升高气压）；挤压气球，气球的体积变小，但里面的空气总量没有减少，所以，空气分子与气球内壁碰撞的次数增多（升高气压）；如果保持空气分子飞驰的速度不变（温度不变），那么，要想减少空气分子与气球内壁碰撞的次数（降低气压），可行的办法就是扩大气球内壁（增加体积）。

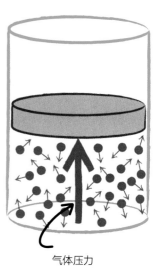

气体压力

↑ 上图为装满空气的两个容器。红色小球表示在容器内蹦跳的空气原子。在容积较小的容器内红色小球更加紧密地压缩在一起。

物理的奥秘

1783 年 11 月 21 日，让-弗朗索瓦·皮拉特·德罗齐耶（Jean-Francois Pilâtre de Rozier，1754—1785）在巴黎搭乘载人热气球升空。

本节讨论的理想气体状态方程也可以表述如下：

$$\frac{PV}{nT} = R$$

其中，R 是理想气体常数，是普适物理常数。也就是说，R 在任何地方它的值都是一样的，并与关于温度及能量的"玻尔兹曼常数"（参见第 46 页）关系密切。

乍看之下，理想气体定律似乎毫无令人惊异之处，它描

理想气体定律

述的气体极为普通，定律内容处处适用。如果我们把定律理
解为统计微小粒子的运动，那么，我们或许可以更好地理解
该定律中的术语以及它们之间的相互关系。

↑ 英国艺术家詹姆斯·艾克福德·劳德（Jam
Eckford Lauder，1811—1869）于1855年
作的绘画作品，描绘了英国发明家詹姆斯·
特（James Watt，1736—1819）研制蒸汽
的情形。

总结

    关于气体的基本事实是：气体质量、体积不变时，增加气体压强将升高气体
的温度；气体质量、压强不变时，加热气体将加大气体的体积；气体温度、体积
不变时，减少气体将减小气体的压强。

物理的奥科

折射定律

折射定律告诉我们如何控制光束的方向。

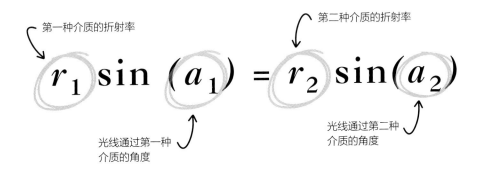

第一种介质的折射率

第二种介质的折射率

$$r_1 \sin(a_1) = r_2 \sin(a_2)$$

光线通过第一种
介质的角度

光线通过第二种
介质的角度

1. 折射定律的内容

或许，你知道下面的情形只是错觉。倒一杯水，将一支铅笔斜靠在杯子里。只要调整观测视角，你就可以看见铅笔要么是弯曲的，要么在水面折断了。为什么会产生这样的错觉呢？原因是折射——光线照在水面上，会稍微地改变传播方向。

或许，你还注意到了杯子里的另外一个现象（抑或它太普通了，你根本没有留意到）。仔细观察，你就会发现杯子里的水面上闪着微光。但我们知道水是不会发光的啊！对，水不会发光，但光线射入水里时，水面会反光。

荷兰数学家、物理学家维勒布罗德·斯涅耳（Willebrord Snell，1580—1626）提出的斯涅耳定律（折射定律），描述的正是上述两种现象，它们各有不同，但又相互关联——折射，即光线偏离直线路径，弯曲地传播；反射，即光线沿不同方向全

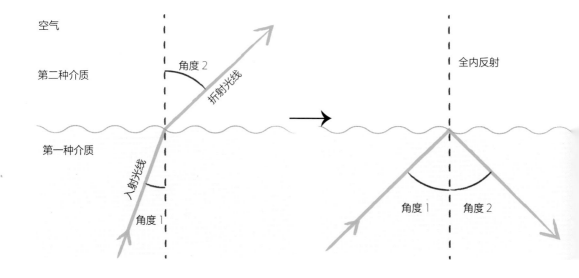

空气

第二种介质

角度 2

折射光线

全内反射

入射光线

第一种介质

角度 1

角度 1　角度 2

部折回。

　　许多光学技术产品，如眼镜镜片，读写光盘的激光器，等等，都利用了光线的折射原理。而汽车的前灯、哈勃太空望远镜、互联网的骨干光纤等，则利用了光线的反射原理。

　　除了光波传播之外，折射定律对声波传播、无线电波传播等物理现象也是成立的，至少足以让我们了解它们的实际用途。甚至可以说，擅长打桌球、斯诺克台球的人，多少懂得一点折射定律的实际应用。与本书讨论的其他方程一样，折射定律及其公式可以帮助我们真实地模拟许多物理现象，在包括电子游戏、电影电视等相关技术中都有应用，或者帮助我们获得更重要的研究与训练工具。

2. 扩展内容

　　折射定律是一个守恒定律。这意味着，即使改变某些条件，某些结果也不会变。可以改变的条件是光线传播的介

物理的奥秘

折射定律描述了光线折射，可以解释为什么杯中水里的铅笔看起来是弯曲的。

质。譬如说，空气和水就是两种不同的传播介质，它们具有不同的属性，可以影响光线传播的方式。

折射定律公式涉及的变量相对简单：光线通过第一种介质的角度、光线通过第二种介质的角度、第一种介质的折射率和第二种介质的折射率。测量折射角度时，将光线视为直线，即可测出它在两种介质交界面形成的角度。我们使用正弦函数来确定角度，而测量时发生的任何情况，包括转过来一个或多个 360° 角度，对计算的实际影响都不大。

折射率是我们赋予传播介质的一个值。它与正弦函数一样，也是一种比值，因此，它既不是定量，也不受计量单位的限制。折射率的计算方法是，用光在真空中的传播速度（一个常数），除以光在某种介质中的传播速度。换言之，光线穿过某种介质时，它的传播速度减慢，而折射率则反映了光线传播速度减慢的程度。怎样理解光线从空气射入水里的速度变化呢？想象一下，你驾车从宽敞的柏油路驶入泥泞的田野，你的速度是不是会发生变化？

折射定律告诉我们，介质的折射率会发生变化，光线传播的角度会发生变化，但是，它们之间的比值保持不变。

总结

反射和折射是光学上至关重要的概念，但它们都符合简单的三角函数关系。

布朗运动

布朗运动模型原本是用来描述微小粒子无规则运动的，但令人吃惊的是，它也适用于描述热流量与金融市场。

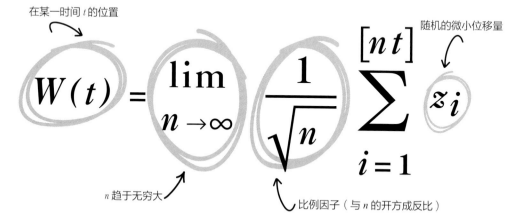

在某一时间 t 的位置

随机的微小位移量

$$W(t) = \lim_{n \to \infty} \frac{1}{\sqrt{n}} \sum_{i=1}^{[nt]} z_i$$

n 趋于无穷大

比例因子（与 n 的开方成反比）

1.布朗运动的内容

1827 年，英国生物学家罗伯特·布朗（Robert Brown，1773—1858）在用显微镜观察花粉颗粒的实验中，注意到了它们的奇特运动。它们漂浮在水面上，但不像在池塘里那样随波漂流，而是以一种随机的方式急促地上下跳动。别的科学家也注意到了同样的现象，但谁都无法作出解释。直到1905 年，爱因斯坦才提出了一种解释。

怎样理解布朗运动呢？让我们想象一下——在音乐会或运动会上，拥挤的观众不停地挥动手臂，你向他们中间投掷沙滩排球，每一次排球都击中一只挥动的手臂，再以全新的线路和随机的方向弹回来。一来二往，排球犹如在进行"随机游走"（参见下页示意图）。假如观众的人数足够多，而且，你观察的时间足够长，那么，你观察到的大体上就是布朗运动。

这种运动颇为奇特：它是连续不断的扭动、抽动、抖动，与我们日常所见的运动完全不同。自然中的运动过程轨迹通常是平缓的，如落叶随风舞动的曲线轨迹。但是，这些花粉颗粒的运动似乎是一种角运动，因为它们永无休止地从一个方向跳到另一方向，永远都安定不下来。

奇怪的运动需要用奇特的数学模型来分析。布朗运动的运动方向不断地改变，所以，用普通的微积分、基本的物理定律都无法解释清楚了。事实上，人们为分析布朗运动建立了一个全新的微积分系统。

2. 布朗运动的重要性

布朗运动的数学模型描述了一种全新的对象，所以，该模型的演变过程比较漫长。但令人惊讶的是，只要改变其中的某些变量，模型就可以被用于不同的学科领域。当然，新变量恐怕只有专业人员才弄得清楚。譬如说，不同的布朗运动模型，既可对鸟群、鱼群、昆虫群运动行为进行生物学研究，又可增强常有噪声的数字信号（如超声医学影像），还可以进行金融资产定价与贸易决策，等等。

更令人惊讶的是，布朗运动数学模型本身极为奇特，别有一番风趣。到了 19 世纪，英国科学家牛顿和德国数学家莱布尼茨于 17 世纪下半叶创立的微积分已经被广泛地应用于科学研究，但是，微积分理论在当时也受到怀疑与攻击，人们总是以奇怪的或者人为的例子来否定微积分的基本假设。奇特的布朗运动模型同样挑战了微积分的基本思想，但它又是可以分析许多自然现象的较好模型。该模型兼有怪异的外表和强大的分析能力，这一事实让我们不禁想到，"纯粹数学"与"应用数学"之间的鸿沟，并没有人们想象的那样大。

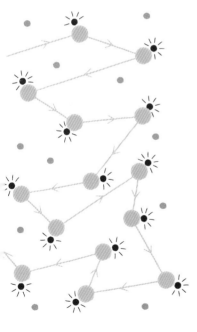

橘黄色的花粉颗粒漂浮在水面上，每一次与更小的水分子碰撞之后，都会改变运动的方向。

← 罗伯特·布朗用显微镜发现了花粉颗粒的跳动，也给自己带来了巨大的困惑。

3. 扩展内容

让我们先看第 45 页上的示意图——图中的男子约翰喝醉了，但是他得回自己的家。房前的田里原本有一条路直通他家的院门，可他实在喝多了，只能蹒跚地往前走，深一脚、浅一脚，左一脚、右一脚，竟在地上留下一道"之"字形的足迹来。

若想用醉汉约翰的例子更准确地解释布朗运动，还需要再添加一些内容。让我们来抛硬币吧！硬币头像一面表示他的脚步向左，硬币图案一面表示他的脚步向右。为什么可用抛掷硬币来表示呢？因为他完成的就是"随机游走"。约翰在田里从一边斜向走到另一边，但随着时间的推移，他终究在向前走，尽管他有时也横着走。

假如约翰走偏了，走到了自家院门的另一边，要么他很幸运，找到了家门；要么他很倒霉，被困在树篱里。所以问题是：约翰走到自家院门的概率多大？当然，问题本身没有这么直截了当，但我们的确可以用概率论的基本原理来解答。

实际上，我们应当（在技术层面上）确信约翰最终是可以到达自家院门的，因为他向左的步子和向右的步子平均下

物理的奥

来应该是平衡的。如果他蹒跚的脚步走偏了，进而陷在树篱里找不到家门，这也是非常自然的事情。假如就约翰最终到达的位置打赌，我们的赌注应该押在他家的院门，因为那里才是他经常出入的地方。我们可能遇到的问题是：约翰最终走到离院门 3 米的地方的概率多大？走到离院门 10 米的地方的概率又是多大？无论问题中的距离是多少米，都可以用我们的数学模型作出合理的解释。

约翰行进的路径具有统计学家所谓的"马尔可夫性质"，也就是说，在他从开始到结束的行走过程中，每一时刻脚步向左或向右或向前，完全取决于他所在的位置，而与上一步没有关系。从本质上讲，以踉踉跄跄的脚步行走的约翰本身也记不得上一步的跌跌撞撞。但在实际生活情形中，约翰也有可能一开始就走向了左边，在酒精的作用下在左边多走了几步。在此情形下，他的脚步就没有马尔可夫性质了。马尔可夫性质意指，一个随机过程在给定现在状态及所有过去状态的情况下，其未来状态的条件概率分布仅依赖于当前状态，这一特性的重要性在于它可以简化概率问题。

或许，你已经注意到了，我讲了这么多醉汉约翰的脚步问题，但还没有谈到布朗运动。我们假设：约翰从一开始就是要走过那一块地，最终到达自家的院门——也就是说，即使他每一步或左或右，但他一直在向前运动，所以，他总体上是在做斜向运动。为了将他的运动变成布朗运动，我们需要增加一些变量——也就是说，我们需要将他的脚步细分为更小的步子。假设他的步幅只有原来的一半，那么，他的总步数将增加一倍，他向左、向右的步子也将增加一倍。假设我们再把他的行进过程反复细分，每一次细分都增加一倍总的步数和向左、向右的步子，那么，变量 n 越来越大，又会是怎样的情形呢？

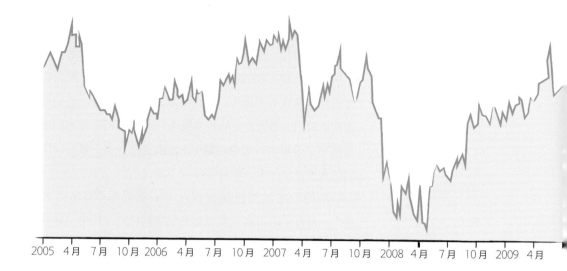

2005   4月   7月   10月   2006   4月   7月   10月   2007   4月   7月   10月   2008   4月   7月   10月   2009   4月

答案是令人吃惊的。关于上述过程的所有问题——比如说，约翰最终到达某一位置的概率等，在变量 n 增大的情形下，居然变成了稳定的值。也就是说，当变量 n 趋于无穷时，约翰的行走可以用极限的概念来处理。换言之，如果将他的行走视为数学对象，我们可称之为"维纳过程"，即一种连续时间随机过程。

至此，醉汉约翰的随机游走对我们理解布朗运动的帮助就这么多了。当我们把连续时间随机过程作为一种新颖的数学对象时，醉汉行走的画面也有点过于生活化了。下面，让我们回到布朗的花粉颗粒上吧——花粉颗粒体积小，质量轻，它们漂浮在水面时，实际上受到了水分子的反复打击。成千上万的水分子四处乱飞，相互间弹来弹去，所以，水分子的运动方式极为复杂，具有典型的随机性。但每一次都有一个水分子击中花粉颗粒，而且，在一秒钟的时间内，这样的打击会发生千万次，这就会对花粉颗粒产生极其微弱的推力。当这些微弱的推力汇聚在一起，就会推动花粉颗粒产生

↑ 每一次交易完成之后，金融资产的价格都产一次小的波动。从长期来看，价格波动行为常像布朗运动。

物理的奥

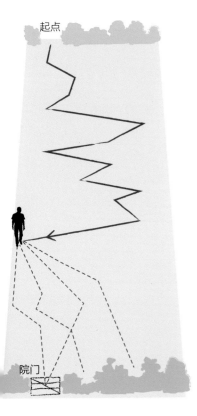

起点

院门

醉汉约翰最终到达自家院门的概率有多大？这取决于他当前的位置，而与他走到院门的路径无关。

漂浮运动，这就是布朗在显微镜下观察到的运动现象。

需要指出的是，在成千上万的微弱推力与维纳过程描述的对象之间，还是存在巨大的本质差别。维纳过程的当前值，是无限微弱推力的极限值——这样的思想在理论上并不具有任何物理学意义。虽然我们只需付出一点点额外的努力，这些极限值就可以用数学法则来解决，但它们只能近似地描述物理现象。然而，这些无限值很能说明问题。同时，维纳过程在其他领域也发挥了显著的作用，其中一个重要领域就是高级复杂的巨额融资。1900 年，法国数学家亨利·庞加莱（Jules Henri Poincaré，1854—1912）的学生路易斯·巴舍利耶（Louis Bachelier，1870—1946）发表了他的博士论文《投机理论》（*The Theory of Speculation*）。在这篇重要的论文中，巴舍利耶运用了当时全新的布朗运动理论，分析了巴黎证券交易所的价格波动，提出了有效市场、股价随机漫步等思想原型，可惜，当时没有受到足够的重视。到了 20 世纪 60 年代，巴舍利耶的投机理论流行起来，成了预测股票价格波动的主要方法，其预测能力远胜于其他单纯的描述性模型，如布莱克-斯科尔斯方程。

总结

　　布朗运动的最终结论包含了随机游走模型描述的行为现象：行为本身具有不可预测性，在随时间而变化的行为过程中，每一次变化都独立于前一次变化。

熵

热力学第二定律——它既可以解释咖啡为何会变凉，又可以预测宇宙的终极命运。

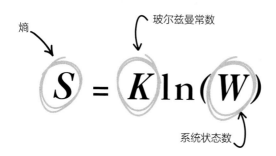

$$S = K\ln(W)$$

熵 · 玻尔兹曼常数 · 系统状态数

1.熵的内容

热力学第二定律有不同的表述，其中有一种已经成了经典语录——熵永不减少！但熵是什么呢？通常情况下，熵是描述一个系统无序程度的度量。

让我们想象一下废车处理场：废弃的汽车零部件比较整齐地堆放在一起，但在一场猛烈的风暴之后，零部件四处散落，处理场一片狼藉。如果大风把废旧零部件重新组装起来，变成了一辆辆可以开动的汽车，那才不正常呢。为什么大风把处理场吹乱了才是正常的呢？那是因为（在某种程度上）我们知道，自然过程会降低一个系统的有序程度，原有的组成成分或组成方式会被打破，均匀地散落在系统里。这是我们凭直觉可以感知的。

再举一个没有那么复杂的例子吧——此时此刻在你房间里的空气中，含有千亿个微小的空气分子，它们四处乱

物理的奥

龙卷风的气流是从右向左旋转还是从左向右旋转？在两种可能中，总有一个可能性比另一个更大。

飞，相互碰撞，每一个分子的运动极其复杂，难以预测。假设所有分子的运动产生了一个结果，那就是，将空气集中到了房间的某个角落，从而让不在那里的人上气不接下气，产生了呼吸困难。这可能发生吗？这样极端的情形，我们仅可想象，却不可能发生。如果你想要把空气集中在房间的某个角落，必须在系统中使用外力：要让空气那样运动，还得把空气保存在那里。在自然状态下，即使空气集中在了某个角落，整个房间里的空气也会迅速地回到正常状态。这就是熵增加——一切可能发生的实际过程都使系统的熵增大，直至达到平衡状态。

上述这幅想象的画面或许可以说明熵增原理，但它还不够精确。"无序""随机""结构"指何物？它们可以度量吗？它们的增加或减少，可以精确描述吗？从表面看，热力学第二定律是定性的描述，而不是定量的判断，它所讨论的是一个系统潜在的总混乱度，而不是给出确凿的数值。理解熵不会减小的棘手之处，在于怎样才能把我们对熵的直觉感知转化为具体的事物。

2. 熵的重要性

毫不夸张地说，熵的概念、熵不会减小的定律以及熵的有限性，一直影响着我们生活的方方面面。无论地球的生态系统具有多么完美的组织，大自然总是变得越来越无序化，所以，熵是最终的胜出者。恒星的死亡也可以用同样的原理来解释。

让我们回到更加生活化的事例。比如说，一个较热的物体与一个较冷的物体放在一起，这就是一个低熵系统——它呈现出高度的组织性，热量传递不可能在两个方向同时发生。

同样的道理，此时此刻你房间里的热量也不会突然地流向一个地方，比如流到你的咖啡壶里为你煮一杯热气腾腾的咖啡，而把房间里的其他东西冻成冰块。单就某一时刻而言，发生的事情与上述情况恰恰相反——热量从你的热咖啡

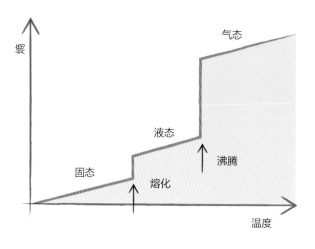

← 热量输入系统，系统的熵增加。当物质熔化和沸腾，它的分子产生更多的自由运动，熵随之而剧增。

物理的奥

流出，消失在房间里。

当熵增加时，热量从较热物体传递到较冷物体，提高了较冷物体的温度。因此，我们完全可以说，正是热力学第二定律使我们日常做饭成为可能。当然，除了锅碗瓢盆之外，发动机引擎和工业制造也（几乎无一例外地）利用了热量传递。但是，热量在传递中是有损耗的——热力学第二定律对机器利用热能做功的效率是有限制的，因此，世界上根本不可能存在一台完美的引擎，它可以把消耗的能量100%转化为有用功。

以上这些描述都是单向的、不可逆的过程。在经典力学中，我们习惯于将某一物理现象的时间后移，以便对它作出看似更加合理的解释。譬如说，从理论上来讲，我们可以把一场台球比赛倒过来看，其中所有的物理现象都是解释得通的——击打台球的是一种看不见的力，台球的运动是这种力击打球桌造成的，它既不是运动员发出的，也不是运动员消耗了午餐产生的能量。但是，倒过来看台球比赛的情形不是真的，只能存在于我们的想象之中。现实世界中发生的事情十分复杂，完全可逆是不可能的。

熵不同于可以倒过来看的台球比赛：熵把"时间箭头"置于物理学的中心，而宇宙时间箭头指向宇宙膨胀的方向，这意味着宇宙在本质上并非可以回拨时针的钟表。

熵可以让我们看到宇宙演化的清晰方向。宇宙时间箭头所指的终点，就是宇宙的热死亡。到那时，宇宙的所有物质及能量，无一例外地都会变成没有差别的热能，均匀地分布在宇宙之中，整个宇宙的无序度达到最大，进而让宇宙走向自己的坟墓。所以，因为宇宙热寂有可能发生，我们对宏观宇宙的命运或许不能太乐观。

3. 扩展内容

需要指出的是，前面提到的热力学第二定律经典表述，真正的内容是，"一个封闭系统的熵不会减小"。封闭系统指没有外部能量输入的系统。比如，地球不是一个封闭系统，因为太阳一直从外面向地球系统内输入能量。那么，废车处理场是不是封闭系统呢？如果处理场雇用了修理技师和工人，他们利用废旧的零部件进行生产，那么，处理场就不是一个封闭系统：将废旧零部件重新组装成可以开动的汽车，这是一种外部效应。

当然，当能量输入一个系统时，熵通常会减小。如果不限制我们从超大的范围（比如宇宙那么大的范围）来看待熵的话，热力学第二定律是成立的。在宇宙系统里，我们考虑的是诸如恒星光热等大规模事件的平均熵，而不是具体的小事件的。此外，在极少数的偶然情况下，熵也会减小，但这些偶然情况发生的概率极其微小。打个比方，你的铅笔掉在地上，笔尖着地且铅笔直直地立在地上的概率有多大？从理论上讲，这样的情形是有可能的，但从来没有发生过。

就一个封闭系统而言，熵可以被定义为玻尔兹曼常数乘以系统状态数 W 的对数值。玻尔兹曼常数，是以奥地利物理学家路德维希·玻尔兹曼（Ludwig Boltzmann，1844—1906）的名字命名的，是一个有关温度及能量的物理常数，符号为 K。W 是系统分子的状态数。这个"状态数"是理解熵的关键所在，弄明白了它，也就理解了熵的大部分意义了。实际上，对数、玻尔兹曼常数 K 都只是缩放手段，目的是更好地定义熵。那么，状态数 W 究竟是什么？

让我们以一只充满空气的气球为例——从经典力学来看，气球内的空气状态是一个系统，可以用每一个空气分子的位置和速度来描述，当然，我们需要将所有的空气分子作

↑ 空气在气球外可处于更多状态。空气分子从气球内跑出来，在更大空间里就有更多的状态，符合熵增加原理。

外部效应通常可以解释违反热力学第二定律的现象。上图为尼德兰画家耶罗尼米斯·博斯（Hieronymus Bosch，约1450—1516）的画作，描述了上帝创世纪时如何将天地分离。

为一个整体来看待。这样的理解好像是不错，但空气分子太多了，它们的运动方式又太复杂。关于空气分子的状态，从理论上讲，我们可以建方程来描述，但这在实践中十分困难。所以，我们不建方程，而是画"统计学"的图画——气球内的空气分子运动，极有可能呈现出一种均匀的分布。它们的运动速度千差万别，但这并不意味着它们的平均速度会出现过大或过小的情况。

　　下面假设我们用针在气球上扎个小孔。或许，空气分子会完全无视这个小孔，保持它们原来的运动不变，但这几乎是不可能的。空气会嗖嗖地通过小孔泄漏出来，瞬间融入四周的环境。又是什么使这种情况发生了呢？热力学第二定律。空气分子从气球里跑出来，进入了更大的空间，它们在更大空间里就有了更多的状态——整个系统的总熵增加了。

总结

　　热力学第二定律与经典力学中的其他定律不同——熵，既把"时间箭头"嵌入宇宙之中，又引导我们从统计学的角度来看待问题。

物理的奥

阻尼谐振子

阻尼谐振子是一个多功能模型，可以解释弹簧、音乐合成器等诸多技术产品的工作原理。

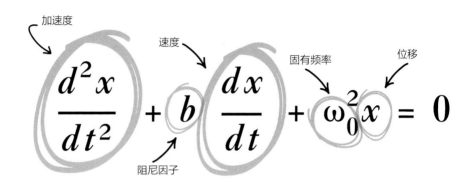

1.阻尼谐振子的内容

在桌子边上摁住塑料直尺的一端，拨动它的另一端，它就会砰砰作响、上下振动，最后慢慢减速，直至完全停下来。这就是阻尼谐振子了！

直尺可以当作"振子"，因为它从一种状态（向上振动）平稳地变为另一种状态（向下振动），而且，状态变换的过程不断重复。直尺的振动是"谐波"，因为振动改变的方式可以称为正弦波。直尺的振动幅度具有"阻尼"特性，因为它在振动中逐渐失去能量，最后慢慢减速，直至完全停下来。

阻尼谐振子是极其普通的振动物体。

简单的例子除了直尺，还有皮球、钟摆、弹簧、琴弦、声波、在运动场上转圈的孩子等，它们都可以被称为阻尼谐振子。

再举两个复杂些的例子：第一个是汽车的悬挂系统，它的功能是经过刻意设计而实现的，用来缓冲凹凸路面传给车架或车身的冲击力，并减小由此引起的震动，以保证汽车平稳行驶。第二个是（至今仍有少量应用的）早期音乐合成器，它将电子波作为谐振子来制作声音，通过电子波的阻尼振动来制造拨动琴弦的音效，以取代弓拉弦发出的声音。总之，我们在日常生活中，总是可以见到阻尼或衰减效应的例子。

2. 扩展内容

本节讨论的阻尼谐振子二阶微分方程，是直接从牛顿第二定律表达式 $F = ma$ 演化而来（参见第 16 页）的。它涉及三个分量，即加速度、速度和位移，以及与振动相关的阻尼因子、固有频率。

在振动的顶端，此刻速度为 0，接下来振动就改变方向了。在此情形下，方程可变为：

$$x'' + w^2 = 0$$

此时此刻，加速度为负数，这意味着在上文直尺振动的例子中，直尺向下振动。同样道理，在振动的底端，加速度向上，这就是改变振动方向的效应。所以，从某种意义上讲，直尺的张力总是将直尺推向中间位置。

另一方面，当直尺处在振动中间位置时，它就没有了张力，但此时阻尼力仍在起作用。假如我们把阻尼力去掉（也就是，设公式中的 $b=0$），那么就意味着，当直尺是完全直的、没有振动时，就没有加速度，仅仅靠着直尺的动量来产生下一次振动。没有阻尼的振动，被称为"简谐振动"。但在实际生活中，这样或那样的阻尼效应总是会影响振动的。

物理的奥

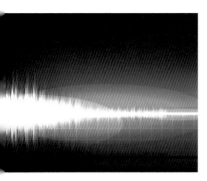

物理学中声音的传播形式被称为声波。声波在传播过程中，很快就会因阻尼作用而消失。

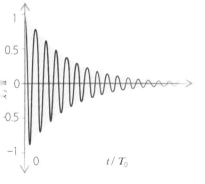

上图显示阻尼谐振子的振动方式：它以正弦波上下振动，随时间逐渐消失。

在日常生活中，物体的振动实际上不是完全按照阻尼谐振子的方式发生的。比如说，小提琴与笛子的声音听起来完全不同，原因在于琴弦发声的方式比笛子的复杂得多。如果我们想要弄清两种乐器的发声方式究竟有何不同，就需要用到更为复杂的方法。

如果我们在系统中加入阻尼与"驱动力"，振动就会愈加复杂。这好比将我们的系统"踢"了一脚，产生了额外的效应。我们可以再用直尺来模拟一下，比方说，在直尺振动时，你每隔 2 秒点击它一下，会发生什么呢？

直尺的振动比以前的情形复杂多了：阻尼将直尺的振动速度降下来，但每次点击以后，点击的冲击力又会将它推向振动的顶端或底端。注意，如果我们能够掐准点击时间的话，那么，就可以让直尺的振动变得更加有力。

我们在日常生活中也会遇到上面的情形。比如，我们在篮球场上运球，看起来篮球快拍不起来了，使劲拍几下，又可以增加篮球反弹的力道。再如，我们走在索桥上，会轻微地感觉到桥面的上下晃动。或许，你已经知道，军人在过桥时，会有意地打乱他们整齐的前进步伐，就是为了避免桥面发生危险的振动！一旦脚步累积的振动能量超出了桥的负荷，共振频率或许会改变桥梁的结构，造成桥毁人亡的灾难。

总结

三角函数可以帮助我们理解圆周运动和它的"近亲"——振动。通过在阻尼谐振子模型中，增加阻尼因子与驱动力，我们可以建立更多的模型来解释生活中更加复杂的现象。

热方程

令人惊异的是，物体传递热量的方式，居然与统计学、金融模拟的关系密切。

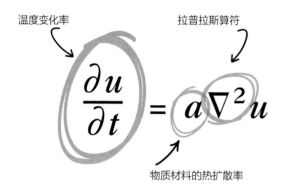

温度变化率　　　　　　　　　拉普拉斯算符

$$\frac{\partial u}{\partial t} = a \nabla^2 u$$

物质材料的热扩散率

1. 热方程的内容

假设将喷灯对准复杂的大物件，如一辆汽车，那么，熊熊的火焰喷射在驾驶室一侧的车门上，并在某一点持续地喷射一定时间，会发生什么呢？常识告诉我们，门上那个点会被烧得发烫。还会发生别的什么吗？经验告诉我们，车门上靠近喷射点的区域，即使没有被火焰喷射到，也会发热。但是，如果我们用手摸一下引擎盖，就会吃惊地发现，引擎盖也被烧热了。

我们凭直觉可以知道，热量不会堆积在物体的某一点上，它会流向物体中较冷的地方（参见第46页）。我们还知道，热量不会转瞬即逝，不可能刚刚产生就消失在茫茫宇宙之中。

或许，我们会想，以上这些情形中的热量传递，一定有

物理的奥

热方程有一个"近亲"，名叫反应扩散方程，它可以解释自然界诸如斑马斑纹之类的复杂结构是如何形成的。

其自身的传导规律。本节讨论的热传导方程，或称热方程，它描述的就是热传导的规律。

2. 热方程的重要性

在科学与技术领域，热量在许多方面都起着极其重要的作用。对于核物理学家来说，只有弄清楚核反应堆可以产生的巨大热量，才可以安全地操作，否则将会造成后果难以估量的灾难。对于地质学家而言，只有弄明白了陆地是怎样产生热量的，才可能预测出火山喷发、气候变化和地震灾害带来的严重后果。热方程还可以描述生活中许许多多的热传导现象。

我们这里所说的热量，不一定仅仅是物理学上的热现象。函数 u（参见第 59 页）可以是温度之外的其他东西。而且，只要热方程描述的关系成立，我们就可以把它作为模型来解决相关的问题。我们可以将热传导现象理解为某一物质的热扩散。

热方程也经常被用来解决生物学问题，但生物学家称之为"扩散方程"。生物系统是反应扩散系统，虽然这稍微复杂一点，但热方程（扩散方程）可以被用来研究种群的运动与扩散、愈合过程、癌细胞的生长，甚至研究诸如老虎、斑马之类的动物，以弄清它们身上看似复杂的斑纹是如何形成的。

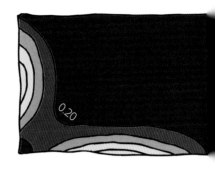

此外，热方程在数码图像去噪、法医学和天文观测等诸多方面都有广泛应用。

热方程在数学及金融学上的应用更令人惊奇。资产的市场价格又可以用随机过程来建模（参见第41、45页）。因此，金融衍生产品复杂的价格波动最终又与热方程发生了紧密的联系。

3. 扩展内容

我们可以把热流动想象为一个统计过程，即统计一块金属片（或其他任何物质）中数以亿计的原子或分子相互碰撞的现象。热原子的振动速度快，这意味着它们会更猛烈地碰撞四周的其他原子，让它们也升温变热。在此过程中，金属片原有的热原子碰撞后失去了部分能量，或者说，能量分散了，就像气球被吹爆了，它里面的空气分子扩散到了更大的空间。

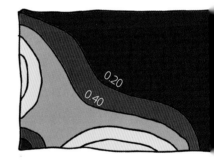

热方程包含了一些符号，为了弄清楚它们的意义，我们需要对它们分别讲解。首先，我们应当了解，热方程描述的是三维空间里任一点的温度如何随时间变化而变化。方程中的字母符号 u 表示温度，只要再添加一个数字，就可以解决四维时空中任一点的温度问题。

其次，等式左边是一个导数，它告诉我们给定空间的一点在某一时间的温度如何随时间而变化。比如说，假设温度升高极快，那么，得出的值就是一个较大的正数；反之，如

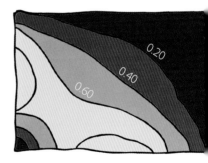

物理的奥秘

果温度下降，它的值就是一个较小的负数。

如果我们知道计算方法，就一定知道等式左边的值非常实用。我们可以将它理解为一个问题：某一定点的温度如何随着时间变化？

第三，等式右边代表物质的热扩散率：它以数值告诉我们特定物质中的热流动方式。与热扩散率相乘的，是 u 的"拉普拉斯算符"。拉普拉斯算符看似怪异，却是热方程中最神奇的核心部分。在三维空间里，拉普拉斯算符定义如下：

$$\nabla^2 u = \frac{\partial^2 u}{\partial x^2} + \frac{\partial^2 u}{\partial y^2} + \frac{\partial^2 u}{\partial z^2}$$

等式右边有三个相加项，分别代表某一定点在 x 轴、y 轴和 z 轴三个方向的热流动在给定时间的加速度。让我们想象一个简单的情形——假设热流动的空间为平面的二维空间，比如说，一块薄薄的金属片。温度 $u(x, y, t)$ 的值，表示的是金属片上的每一点在某一时刻的温度。——注意，我们只有 x 轴和 y 轴方向上的温度，没有 z 轴方向的，因为已经排除这一维度了。

再想象一下：假设我们把金属片放在地板上，那么，我们是不是就可以把这个（代表温度的）数值当作高度了？我们在脑海中勾勒出了一幅奇特的风景画：山巅对应的位置，正是金属片发热的地方；山谷对应的位置，则是金属片较冷的地方。随着时间的变化，金属片的热不断扩散，山峰的形状也渐渐发生变化。

假设我们置身于这片奇特的风景之中，那么，立脚点 (x, y) 的温度就是 $u(x, y, t)$，其中，t 是我们站立时的时间。如果我们沿 x 轴方向观看，看到的斜坡就是：

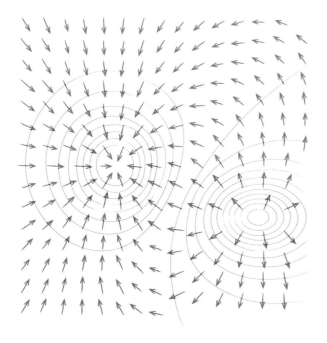

↑ 在处理数码图像时，我们可以用热方程去□或提高图像的清晰度，或增强图像在法庭上证明力，或提升图像的艺术效果。

← 图中最左边的等高线表示山峰，右边的等高□表示山谷。每一个箭头都指向从山谷到山峰斜坡。拉普拉斯算符在靠近山谷的地方为正□在靠近山峰的地方为负值。当然，这里的等高线不再表示海拔高度，而是代表温度。

$$\frac{\partial u}{\partial x}$$

其实，这就是 x 轴方向温度的变化率。那么，继续在此方向观看，我们看到的斜坡，会变得平坦还是陡峭呢？斜坡的变化效果可以被描述为：

$$\frac{\partial^2 u}{\partial x^2}$$

这就是热流动的变化率。在 y 轴方向把同样的事情再做一遍，就可以得出 y 轴方向的热流动变化率。两项相加，就知道了奇特风景中某一点 (x, y) 在某一时刻的热流动。

如何完整地理解热方程的全部内容呢？我们需要再增加一个维度。当然，我们也就看不到那么漂亮的几何图像了。但拉普拉斯算符的意义保持不变：在任意一点、任一时刻，它都可以测量热流动在 x 轴方向、y 轴方向和 z 轴方向的变化情况。在计算时，我们必须用热扩散率乘以拉普拉斯算符，因为不同的物质热传导的方式是不同的。但无论怎样，我们都回答了左边式子设置的问题：某一定点的温度如何随着时间变化？

以上所述，就是热方程的主要内容。

总结

如何理解热流动？这个问题催生了新的数学发明。或许正因为如此，物理学也不完全是原来的样子了。

波动方程

这是一个基本方程，它描述了诸如游泳池的水波、小提琴的弦波之类各式各样的波动行为。

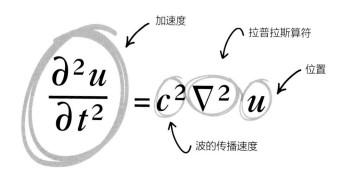

加速度

拉普拉斯算符

位置

$$\frac{\partial^2 u}{\partial t^2} = c^2 \nabla^2 u$$

波的传播速度

1.波动方程的内容

吉他手表演时，用手拨动琴弦，琴弦振动发出美妙的声响。也许你会认为琴弦两端是固定的，只有中间部分才能拨动，从而使琴弦明显地来回振动，但真实情况要复杂得多。

理解问题的线索之一，是一个无可争辩的事实：吉他和钢琴的音色完全不同。或许，你会认为，乐器种类繁多，造型或繁或简，各有特色；发声方式或吹，或拉，或弹，不一而足，它们的声音理当不同。从某种程度上讲，的确是这样的。但是，我们还可以追问——琴弦是如何振动的呢？慢镜头照片显示，琴弦不单单是有规律地上下振动，还有更为复杂的振动方式，对乐器的发声影响巨大。

波动方程是精确描述琴弦振动的模型，其物理意义极为

物理的奥

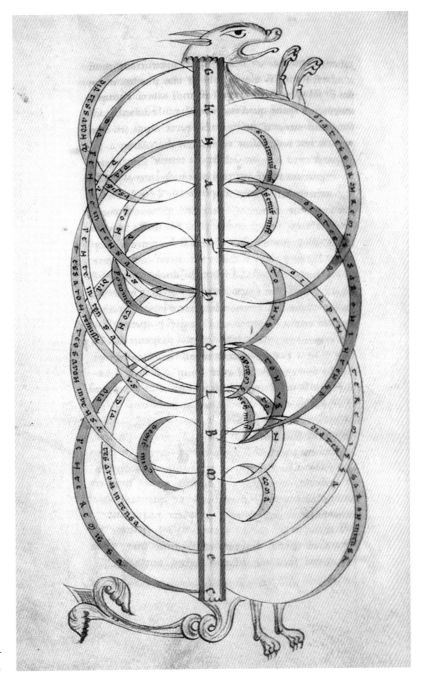

» 波爱修斯（Boethius，约 475—
约 525）绘制的琴弦振动模态。

波动方程

← 波动方程可以描述二维、三维介质的波动，可以描述像琴弦一样的一维介质的波动。

宽泛。这又是因为一个无可争辩的事实：在特定的情形下，波动方程的"基本解"可以是无穷的，它们组合起来，就形成了某种类型的"超级解"，可以表示同时发生的各种振动。波动方程基本解对应的振动，被物理学家称为"谐波"，被音乐家称为"泛音"。

怎样理解各种振动同时发生呢？你可以和你的朋友一起通过简单的实验来感知——找一根轻质长绳，你俩各拿一端，把长绳拉紧，但不要绷得太紧，也不要让它触地，你俩抡动手臂，像跳绳那样持续、稳定地甩动绳子，你看到了什么？你看到的就是绳子的波动。这种波动是波动方程的基本解之一。

下面，你俩把手臂抡动的速度翻倍，你看到的就是新的波动了——长绳不再绕着它的正中心运动，而是在绳子的中心点和你们手握的地方激烈地振动，也有一些地方没有振动。这些没有振动的部分，可被称为"节点"。你俩再加快速度，将会发现长绳上出现了更多的节点；当然，长绳振动的方式也就更加多样了。以上波动，分别是波动方程的基本解之一。

物理的奥秘

2. 波动方程的重要性

波动方程不仅仅可以描述乐器的振动波，还可以描述电磁波（参见第 76 页）和流体波动（参见第 82 页）。它可以分析两类波动：一是"驻波"，如琴弦的振动波；二是"行波"，如池塘水面上细微的波纹。它还可以分析火山、地震产生的冲击波，以及微波炉的电磁波和医用 X 射线装置发出的 X 射线辐射。由于基本粒子具有粒子性和波动性的双重属性，所以，波动方程在量子力学中同样发挥了巨大的中心作用（参见第 97 页）。

在技术领域，声呐技术和合成孔径雷达技术都是基于波动方程发展起来的。此外，该方程还被用于特殊的成像技术和勘察技术，比如，石油天然气公司测绘地下烃源

泛音是吉他琴弦最简单的振动方式，可用点线划分发音范围。从理论上说，在琴弦的二等分、三等分、四等分等各点上都能发出泛音，但在实际的吉他演出中，琴弦振动的方式极为复杂，是不同振动的复杂组合。

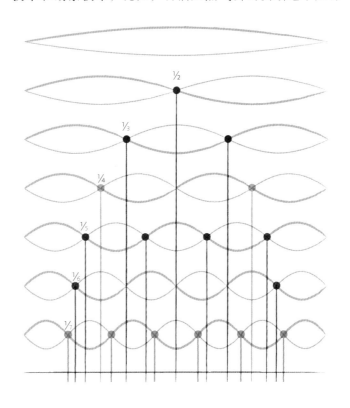

岩储集层的技术，医生检测人体内部器官的超声波技术，等等。

在历史上，如何描述波动向来就是一个重要问题。早在 18 世纪，一些伟大的数学家就进行了开创性的探索，法国数学家让·勒龙·达朗贝尔（Jean Le Rond d'Alembert，1717—1783）、瑞士数学家莱昂哈德·欧拉（Leonhard Euler，1707—1783）、法国数学家约瑟夫·拉格朗日（Joseph-Louis Lagrange，1736—1813）和瑞士数学家丹尼尔·伯努利（Daniel Bernoulli，1700—1782）等，都为波动方程理论的研究作出了贡献。但是，他们的研究成果似乎又相互矛盾。

19 世纪初，法国数学家让·巴普蒂斯·约瑟夫·傅里叶（Jean Baptiste Joseph Fourier，1768—1830）提出了方程的多重解思想——方程的解不仅可以有效地单独使用，还可以组合起来使用。他的思想极为重要，受到了应有的关注，帮助人们将抽象数学在物理学中的作用具体化。

3. 扩展内容

本节讨论的波动方程可以描述任意维度的波动，所以它具有相当的普遍性。为了便于深入理解，让我们假设它设定的情形是前面提到过的长绳振动。

你和朋友抢动长绳产生振动，但在此情形下，我们只考虑长绳的上下振动。对于长绳上的每一个点都可以用从你的手到那一点的距离 x 来表示。当长绳拉紧时，绳上所有点的高度相等；我们用 u 来表示高度，可以设定 $u = 0$ 为起始高度。我们观察波动，需要考虑观察时间，这个时间通常用 t 表示。所以，我们的函数，实际上是关于距离 x、时间 t 和高度 u 的函数，可以被简写为 $u(x, t)$。

注意，如果我们求得函数 $u(x, t)$ 的值，就可以知道

物理的奥

有关振动的一切了。也就是说，给定绳上的一个点 x 和时间 t，我们就可以知道那一点在那一刻的高度，据此，就可以重构长绳在任意时刻的振动，再通过重复计算，我们就可以精确地描述长绳的振动了。我们把这个函数 $u(x, t)$ 的值称为波动方程的一种"解"。

方程左边式子是 u 相对于 t 的变化率，它告诉我们任意定点 x 在时间 t 的加速度。方程右边式子是将拉普拉斯算符作用在 u 上（参见第 56 页），它告诉我们：在某一时间，高度在长绳上每个点附近都是有变化的。比如，长绳在振动最高处和最低处，高度的值是不一样的。假设有一只小蚂蚁趴在振动的中央，那么，它看到的绳子就是平的，只有长绳两端有轻微的弯曲；如果蚂蚁站在你的手附近，它就能看到绳子有明显的斜度。从广义上讲，拉普拉斯算符告诉我们的就是长绳在那只蚂蚁眼里的变化有多快。

拉普拉斯算符前面乘上了 C^2，C 是物质中波的传播速度。我们来考虑驻波，就像你手中被拉紧的长绳上的波，你可以认为波的传播速度是受长绳的张力与密度影响的。但无论怎样，乘以速度的平方，我们可以使方程两边的计算单位一致（参见第 69 页），这一点非常重要。

波动方程的求解，就是求得函数 $u(x, t)$ 的值并证明值为真，这一个看似简单的问题在 18 世纪却是一道难题，大大地激发了数学家的研究动力。问题的难度显而易见，一根拉紧的长绳有多少种振动？一种振动形式，就是波动方程的一种"解"。所有的振动都用正弦函数建模就便捷多了。顺便说一句，声音的正弦波听起来极为纯净、简单，比如婉转悠扬的笛声。

傅里叶认为，如果我们可以求得波动方程的多个解，就可以把它们相乘、相加，从而得到更多的解。因此，波动方

程有了更多、更复杂的解，但它们都表示长绳的振动方式。

就大多数的乐器而言，它们的振动波可以这样来理解——无论弦的振动多么复杂，都可以通过波动方程的正弦函数相加来求解。相同的方法也适用于自然界的其他波动现象。这个原理被称为"叠加原理"，令人吃惊的是，它在许多涉及微分方程的情形下极其实用。

↑　即使是同一个音，用笛子和小提琴演奏出来是不同的。不同乐器的波动现象对应波动方程不同的解。

总结

波动方程是热方程的"近亲"，是阻尼谐振子的超强版，可以为周期性过程提供丰富而精确的模型。

物理的奥秘

$$E = MC^2$$

$E=MC^2$ 是最著名的物理学公式，但它的含义是什么？公式里的 C 为什么要求平方呢？

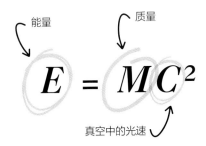

1. $E=MC^2$ 的内容

阿尔伯特·爱因斯坦（Albert Einstein，1879—1955）提出的质能方程至今赫赫有名，它的表达式为：$E = MC^2$，其中，E 表示能量，M 表示质量，C 表示光速（光速为常量，$C = 299792.458\text{km/s}$）。特别令人惊异的是，质能方程告诉我们：质量和能量其实是相同的东西，只不过需要从不同的角度来看待而已。这种特别的观点不仅使科学家困扰，也让哲学家不安。质量似乎与物质有关，物质构成了宇宙，但物质就在那里，既不是人类创造的，又不会被人类毁掉；即使物质有了什么变化，也只不过是改变了它的形式罢了。宇宙包含的物质越多，质量越大。

假设只有质量没有能量，那么，万物就会随处散落，宇宙也就毫无生气可言。但是，我们能想象出这样一个宇宙来吗？似乎不能。质量描述的是物质在做什么或者可以做什么。一块巨石耸立在悬崖峭壁边上，它是具有潜在能量的，

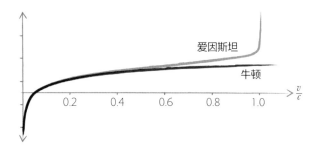

← 如果速度与光速的比值接近 1（即速度接近
速），那么，爱因斯坦方程相对于牛顿方程
言，可以更准确地预测出能量的巨大增量。
是，在速度较慢的条件下，两种理论别无二致

因为它随时都可能因为地球引力而坠落谷底。一旦巨石从上
面滚落下来，它的能量就会转化为动能；落到谷底后，它的
能量又会转化而产生声波、冲击波、热能，甚至化为碎片，
但这些都是它不同形式的能量。假如没有巨石，没有谷底，
类似的能量转化还会发生吗？

因此，物质与能量的关系似乎是这样的：物质第一，它
是宇宙中存在的东西；能量第二，它是物质附属的。这是我
们脑海里关于物质与能量的关系图，但爱因斯坦的质能方程
告诉我们，这幅关系图完全错了！"质量"和"能量"只
是同一种东西的不同名字——无论这种东西是什么。

2. $E = MC^2$ 的重要性

笔者认为爱因斯坦的质能方程 $E = MC^2$ 是全世界最著
名的方程。虽然没有人做过方程的排名统计，但是，如果我
们在街头巷尾随机地让行人写下他们知道的方程，我相信
$E = MC^2$ 一定可以被排在前列。就凭这一个原因，$E = MC^2$
也是极为重要的——科学并非独立于我们生活的社会之外，
但大多数人又不是科学家，所以，当应用于科学研究的方程
准确地描述了普通人可以设想的现象，那么，这个方程一定
就是最著名的、可以描述一切物质的方程——$E = MC^2$。因
此，在我们眼里，即使不从事科学研究，也会认识到这个方

程是了不起的。

想必大家都知道，激发爱因斯坦提出 $E = MC^2$ 方程的科学研究具有极其重要的意义。从 17 世纪后期开始，科学家对宇宙物质的运动提出了一系列基本假设，但爱因斯坦的研究改变了这些假设的内容。特别重要的是，他推翻了牛顿对空间与时间的描述。牛顿时空理论自创立以来，就成为构建物理学殿堂的根基，但爱因斯坦将原本牢不可破的根基变成了奇奇怪怪的东西：譬如说吧，空间的弯曲，时间的膨胀，物质与能量的等价性，这些思想无一不颠覆了人们固有的认知。

爱因斯坦质能方程与人们的日常生活经验完全不相符，它在描述某些极端情形时却非常实用。牛顿物理学作为描述宇宙的模型，在大多数情况下行得通，尤其是当物质为中等大小且速度不快时，它的适用性极高——这一点也并没有因为质能方程的出现而改变，但在描述超大体积且速度极快的物质时，它就有缺陷了。一般来说，我们认为爱因斯坦的相对论对牛顿模型作出了重要的修正。不过，在绝大多数情况下，这种修正微乎其微，甚至可以完全被忽略；但在某些领域，比如天体物理学中，这种修正就具有特别的意义，决定了天文预测模型是精准的还是模糊的，可谓天壤之别。

在某些技术领域，相对论同样重要。最著名的例子是全球定位系统 GPS，它借助于 24 颗卫星组成的网络来定位地球上的任何位置，而且，它的精度还达到了令人吃惊的程度。GPS 定位涉及位置、速度和时间，计算要求并不十分复杂，但如果以牛顿物理学为基础的话，计算就会出现偏差，进而导致整个系统混乱，差之千里的定位也就没有任何用处了。相对论则为 GPS 的定位计算提供了修正方法，极大地提高了定位的精准度。

$E = MC^2$ 这个著名方程最著名的应用实例并不令人愉快，爱因斯坦也曾因此饱受非议。这个方程告诉我们，质量和能量是拥有不同的名字但本质相同的东西。因此，核弹只要没有将质量转化为能量，它就没有特别的意义。核弹的爆炸，就是将存在于某种物质材料中的能量，转化为另外一种更具破坏性的力。在爱因斯坦质能方程的帮助下，科学家理解了核弹释放能量的过程，也可以计算出一颗核弹的总能量。不过，如果我们简简单单地认为是质能方程促成了核弹的制造，那就大错特错了。

↑ 爱因斯坦的相对论是对牛顿力学的补充和正，极大地提高了 GPS 定位的精准度。

3. 扩展内容

让我们从动能开始，再讲一讲这个方程。动能，是经典物理学的术语，它表示物体在其轨道上运动时，我们需要做多大的功才能将它停下来。以棒球为例，职业投球手投的

物理的奥

球具有很大的动能；但如果是"我"投的球，动能就很小，因为"我"投的球速度太慢。如果我们将棒球换作汽车来思考，动能的大小也是不同的。在此情形下，即使汽车的速度与棒球的相等，汽车的动能也要大得多，因为它的质量大得多。这就是为什么一个人被汽车撞了，后果会比被棒球打了一下严重得多。

动能的公式如下：

$$K = \frac{1}{2} m v^2$$

其中，m 是质量，v 是速度，这看起来是不是有点熟悉？从这个动能定义到 $E = MC^2$，我们就从牛顿公式转到了相对论。狭义相对论最突出的亮点，就是它的基本假设之一——在宇宙万物中，光在真空里的传播速度最快！

假设一颗棒球以接近光速飞行在太空中，这个速度相当快了，对吧？但是，假设你也在棒球旁边飞行，那么，相对于你而言，这个速度就没有想象的那么快了。再假设你在飞

物体的速度接近光速时，物体的质量增加。从理论上说，假如物体的速度接近光速，物体就有了无限的质量。

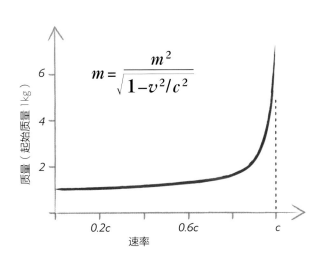

$$m = \frac{m^2}{\sqrt{1 - v^2/c^2}}$$

质量（起始质量 1kg）

0.2c　　　　0.6c　　　　c

速率

← 棒球飞行的速度越快，击打的力量应当一
比一次大，才能使每一次击打都产生相同
加速度。

行时还有大量多余的能量，你还想再重重地击打一下棒球，让它飞得更快一些。在这些假设条件下，是什么会妨碍你让棒球飞得比光速还快呢？爱因斯坦的理论告诉我们，你的速度越接近极限，你击打棒球所需的力越大，但棒球的增速越小。你击打棒球产生的是不断减弱的增速——你以巨大的能量击打棒球，但一次击打只能提升一点点速度，想要再增加一点点速度，就需要再增大击打的能量。所以，为了让棒球飞得比光速还快，就需要无限大的击打能量，但这是任何人都做不到的。

假如质量和能量在本质上是相同的东西，那么，（为提升速度）将能量输入一个系统，就增加了系统的质量，这在实验中是可以观测到的，即使质量仅有微小的增加——质量等于能量除以光速的平方，而光速的平方是一个巨大的值。质量的增加意味着要使它的速度增加一点，需要比之前输入更大的能量。这好比推一辆载着人的汽车，需要比推空车更加用力。如果仅以推车为例，这里的意思就是车里坐的人越多，推车前行就越难。

影响上述推车行为的因子，可以表述为速度函数：

$$\gamma(v) = \frac{1}{\sqrt{1 - v^2/c^2}}$$

注意，当 $v = 0$ 时，这个因子的值为 1；当 v 无限接近 c 时，它的值就变得非常大——事实上，它会变得无穷大。现在，我们可以将动能公式写成下面这个它的"相对论版本"：

$$e = \gamma m c^2$$

当物体相对于观测者而言静止不动时，这个方程就可以被简化为著名的 $e = mc^2$。

总结
能量与质量似乎是完全分割的两个概念，$E = MC^2$ 这个著名的方程带给我们的全新观念却是——它们真的区别不大。

麦克斯韦方程

在开辟电磁理论的道路上，不但形成了物理学的"场论"，还诞生了一大批现代技术。

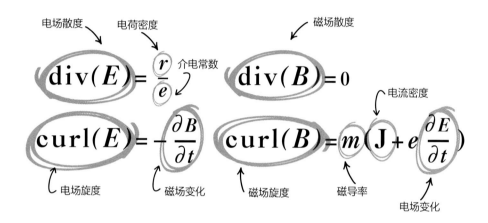

1. 麦克斯韦方程的内容

自从有人注意到它们的那一天起，磁场和电流就一直深深地吸引着众人关注的目光。有些物质，比如毛皮、石英、橡胶、琥珀等，为什么有时会突然噼噼啪啪地发出明亮的火光？一块普普通通的磁铁，为什么可以让没有生命的物体隔空移动？划破夜空的闪电，难道不是我们可以看见的最美的空中景象吗？上述这些现象的背后有什么魔力吗？这是个令人着迷的问题。其实在很早的时候，不同的国家都有关于这些现象的文字记载，但在当时人们的眼里，这些都是我们今天所谓的"超自然现象"。

早期人们的认知带有迷信色彩，之后，人们对于上述现

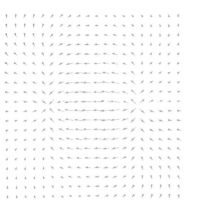

在上图所示矢量场中，右边箭头表示散度为正，左边箭头表示散度为负。

象也有过一些理智的思考与追问。但直到 18 世纪，这些现象才渐渐地有了科学解释；然而，当时并不健全的理论，尚不足以完全解开人们心中的种种疑团。人们最初观察到的是磁铁产生磁场的现象（在磁铁周围的空间里存在磁感应），在 19 世纪早期，英国物理学家迈克尔·法拉第（Michael Faraday，1791—1867）通过实验证实了电磁感应现象，这进一步激发了人们的研究兴趣。

这一领域的最高成就当属英国物理学家詹姆斯·克拉克·麦克斯韦（James Clerk Maxwell，1831—1879）于 19 世纪 60 年代创立的电磁场动力学理论。它的理论框架极其强大，将电、磁、光结合在一起，以矢量场（参见第 4 页）来模拟电磁场，以四个相互关联的方程来描述它们的基本属性。

2. 麦克斯韦方程的重要性

毫不夸张地说，我们今天的科学技术在很大程度上都要归功于麦克斯韦及其同时代的科学家。如果没有他们的贡献，它们今天就没有诸如收音机、电视、计算机、微波炉、激光器、X 射线装置、移动电话、光导纤维、无线网络之类的现代发明创造。即使他们创建的理论存在这样或那样的小错误，我们也需要花时间和精力去理解，否则就谈不上将它们精准地运用于工程技术了。电磁理论在"纯"科学研究方面，尤其是在宇宙学研究上，也极为有用。可别忘了，我们主要通过包括光在内的电磁波来观察天空中的东西。

一直以来，物理学家都有一个梦想，那就是建立"大统一理论"来解释宇宙间的所有现象。但直到今天，他们都还在为此努力。自然界存在相互作用的四种基本力，即万有引力、电磁力、强力和弱力。物理学家所谓的"大统一理论"，就是希望通过研究四种力之间的联系，去寻找一种能够统一说明四种力的理论或模型，所以，它又被称为"万物之理"。麦克斯韦方程将看似不相干的磁、电统一起来，为创建大统一理论迈出了坚实的一步。

如果我们最终真的可以建立统一场论，那么，它也一定具有简洁、实用的特点。20 世纪 60 年代，物理学家继续朝此方向前行，成功地建立了电弱统一理论，把电磁力和弱相互作用力统一成了同一种相互作用力的不同表现形式。但是，狭义相对论与量子理论如何相融（以及引力与其他三种基本力如何统一），仍然是令人一筹莫展的科学难题。

3. 扩展内容

麦克斯韦方程借用了矢量微积分的两个概念：散度算子（运算符号为"div"）和旋度算子（运算符号为"curl"）。与拉普拉斯算符（参见第 56 页）的作用一样，散度算子和旋

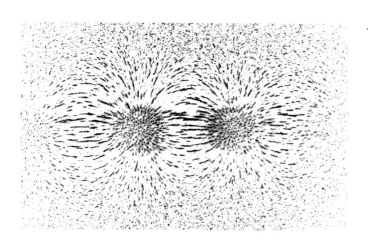

← 磁场中铁屑被吸引的方向，就是麦克斯韦方描述的矢量方向。

物理的奥秘

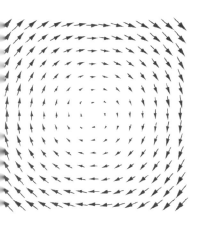

上图所示矢量场的旋度不是零。如果我们将螺旋桨置入其中,那么,它在每一个点上旋转的方式,我们可以通过旋度获知。

度算子描述了矢量场在某一点的几何行为。拉普拉斯算符以数域来表示温度或位置(参见第62页),散度算子和旋度算子则适用于矢量分析。

顺便说一下,麦克斯韦方程有两种表达方式,一种是微分形式的,还有一种是积分形式的。我们只需要记住一点——两种表达方式目标一致,都是为了从物理学上描述曾经被认为神秘莫测或不可言喻的自然现象。两种表达式在工程师、物理学家眼里具有同样的运用价值,但笔者在这里仅仅谈谈微分形式的麦克斯韦方程——在本节列出的四个方程中,最上边的两个分别描述了电场和磁场散度。散度用于表征空间各点矢量场发散的强弱程度。换言之,一个矢量场在某一点的散度,意指该点附近的那些小箭头扩散的程度。当然啦,它是平均的扩散程度。

电磁场是看不见的,但是具有流体的某些特性,所以,为了大致地了解它的含义,我们还是可以将它类比为熟悉的事物。假设有一座游泳池,里面有人在游泳,池子里水流的旋转方式因此也是复杂的。我们给每一个水分子插上箭头,用箭头指向表示水流方向,用箭头的长度表示水流速度。再从池子里任选一点,仔细地观察它附近极小的水流量,在那儿可能会看见无数的小箭头。但是,除非发生非常奇特的事情,否则流进与流出的水量是相等的。因为水分子不会出现在那儿就立刻消失。这意味着那儿的散度——也可以推算池子里每一点的散度——为零。

下面,我们再假设有人用一根橡胶水管往池子里注水。在水管的出水口,水不断地流入池里,流向四面八方,但是几乎没有水会反着流入水管里。即使有的话,那也是相当少的一部分。在此情形下,我们说水管出水处那一点的散度为正,而且通过简单的微积分计算就可以测得这个散度为正的值——水流速度越快，它的值越大。同样的道理，如果将池子里的水往外抽，那么，水管吸水的地方是散度为负，大量的水分子箭头就会流向水管，只有极少的箭头会流入池里。

第一个方程告诉我们，电场里某一点的散度等于该点的电荷密度除以介电常数。介电常数描述的是在真空条件下物质保有电荷的能力。如果电场里某一点的电荷为零，那么，它不光电荷密度为零，散度也为零——这意味着该点没有电场通过。如果电场里某一点的电荷为正，那么，它的散度也为正，这意味着电场从该点发出。如果电场里某一点的电荷为负，那么，电场则指向该点，其结果可以表述为散度为负。

第二个方程告诉我们的相对简单——磁场没有散度。我们知道，电流分别带有正、负电荷，它们产生电场的散度。但就一块磁铁而言，不会只有北极，也不会只有南极，两极同时存在，这意味着它们之间相互抵消，所以散度也就消失了。

第三个、第四个方程是计算旋度的。旋度表示某一矢量场对某一点附近的微元造成的"旋转"程度。为了直观地理解这个旋度，让我们再以游泳池为例——假设我们在鱼竿上挂一个小螺旋桨并放在池子里，水流就会让它旋转。保持螺旋桨在水里的位置不变，再通过旋转鱼竿来寻找螺旋桨旋转最快的点，最终我们会得到一个角度，这样就可以弄清楚两点：一是鱼竿所指的方向，二是螺旋桨旋转的速度。

第三个方程又名法拉第方程，它讲的是时变电磁场可以生成循环电场。电磁感应产生电流，这就是发电机发电的基本原理。所以，如果要问哪一个方程从根本上构建了现代世界的话，答案就是法拉第方程。

第四个方程又名麦克斯韦-安培方程，它的内容正好与第三个方程相反——时变电场可以生成磁场。这一方程为我们带来了电动机——今天，人们的生活已经离不开电动机了，所以，该方程的重要性无须赘述。

磁场电场在一定距离的相互作用犹如魔力一般，我们可以利用它们的相互作用来达到目的。

总结
麦克斯韦以他的时代最前沿的数学知识将磁场和电场统一起来，在一张图画里简洁地描绘了不同的物理现象，从而打破了人们关于宇宙运行的固有认知。

纳维-斯托克斯方程

纳维-斯托克斯方程描述了流体运动，但我们至今对该方程知之甚少。如果有人能够破解隐藏在方程里的奥秘，可以获得 100 万美元的奖金呢。

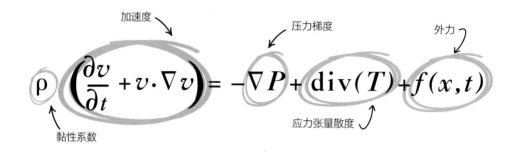

1. 纳维-斯托克斯方程的内容

牛顿力学为描述诸如过山车、弹簧和炮弹之类的普通固体物质提供了精准的模型。但是，我们的世界并非全由固体物质组成，它还包括了流体物质。液体、气体都是相当怪异的流体，而且大气流动、海洋流动等，无一不是我们生活环境中的重要组成部分。

流体的物理行为极其复杂，所以，建立一个可以恰当地描述流体运动的模型相当困难。我们可以想象一下将皮球抛向地板的情形——要解释这个情形当然不容易，但我们还是可以通过牛顿第二定律来预测皮球会落在何处，或者，它将以什么方式弹回来。而且，如果我们充分考虑其他因素，比如摩擦力、空气阻力、地板弹力等，就可以对皮球的运动作出相当精确的预测。但是，我们再想象一下，如果把一桶水河水在不同的深度有不同的流速，产生流体剪应力，这由方程中的 div(T) 来描述。

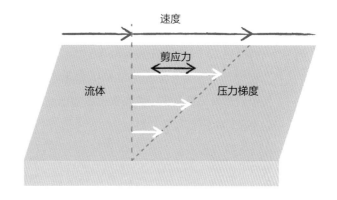

倒向地板，那么，桶里的水倒出来以后会怎样运动呢？我们可以预测这桶水在地板上溅起来的方式吗，或者可以预测出房间里哪些地方会变得湿淋淋的吗？

皮球掉落在地板上的运动方式固然复杂，但是，从本质上讲，皮球落下后还是保持了它原来的形状，这在很大程度上决定了它的运动方式。水从桶里被倒出来，垂直地流向地板，在地板上留下一摊水渍，这意味着它的形态发生了根本性的变化。水的形态发生了变化，它的运动方式也会随之改变，这就让问题愈加复杂难解了。我们可以将流体流动现象理解为不同的事物同时以复杂的方式发生变化，但是，面对如此令人头疼的情形，人们也能说出不少的道理，这就要归功于纳维-斯托克斯方程了。

2. 纳维-斯托克斯方程的重要性

纳维-斯托克斯方程属于牛顿经典力学——它描述的对象，既不是量子世界的微小粒子，也不是相对论探讨的超大、超快物质，而是我们在日常生活中随时随处可见的东西。它探讨的是物理学问题，但实际上又是少数几个带有神秘数学色彩的物理学问题之一。

纳维–斯托克斯方程是得到了广泛认同的流体运动模型，在许多情形下都适用。它常被用于涉及液体的工业领域以及流体现象科学研究，如有关海洋流动和大气流动的研究等。它在航空工程领域也被大量应用。近年来，电脑动画研发人员也开始用它来设计电影的视觉效果。

纳维–斯托克斯方程在处理所有流体问题时能否总是"性能良好"呢？或许，在某些情形下，方程不能再被称为精准的流体运动模型了。方程的解可能逼近无穷，但我们知道，无限大速度在物理学上是不可能的事情。尽管如此，深入地理解该方程依然是我们完整地学习经典物理学知识的重要步骤。要知道，为了鼓励有志之士去破解隐藏在纳维–斯托克斯方程中的奥秘，美国罗得岛州普罗维登斯的克莱数学研究所设立了 100 万美元的奖金！但是，直到本书完稿之时，仍无人前去领奖。

↓ 从某种程度上讲，流体的黏性决定了它的运动方式。

纳维–斯托克斯方程的解之一，是将流体矢量场里每一点以小箭头表示，箭头的方向表示流动方向，箭头的长度表示流动速度（参见第 1 页）。如果得出方程的这个解，我们就可以画出一幅流体在某一给定时刻的运动图来；如果让时间向前变化，我们就可以看到速度矢量随着流体流动而发生的变化，进而描绘出流体运动的整个画面来。这确实是纳维–斯托克斯方程表达的关键思想，可它并没有告诉我们怎样把不同时间点上的速度矢量变化结合起来。

3. 扩展内容

面对复杂、难懂的纳维–斯托克

斯方程，最好的办法是将其拆解为可以控制的小单元。诚然，解释方程的细节会涉及高级的微积分知识和物理学知识，而且，要想真正地把方程用作流体运动模型，还需要巧妙的方法和实际解决问题的能力来运用知识。需要说明的是，引用纳维-斯托克斯方程的形式多样，有时甚至是一组方程，而本节选讲的这个方程，笔者认为是最容易讲解的。

首先，我们看一下方程左边的表达式。ρ 被称为黏性系数，是描述流体黏性大小的物理常量——即流体可以像水一样快速流动，还是像扁豆汤一样稠稠的呢？括号里的内容在专业上被称为速度的"物质导数"，我们可以简单地将它理解为流体速度在每一点上的变化，极其类似加速度。但这里的加速度，指的是我们期望求解的速率矢量的变化率。请记住，在物理学上，我们通常在算出速度和位置之前，就已经知道加速度了。这是因为在分析物理现象时，人们会先把涉及的各种力找出来，而力与加速度又紧密关联（参见第16页）。所以，我们可以通过方程计算在每一点、每一刻的加速度，由方程的解可以得到速度。

请注意，黏性系数 ρ 的作用是将加速度变小。假如还不清楚的话，我们可以将公式想象为：

$$\rho \times [\ 加速度\ ]$$
$$= [\ 我们已知如何计算的项\ ]$$

下面，我们看看方程右边的表达式，它告诉我们什么是加速度矢量。但为了求得它的值，我们首先得用它除以黏性系数 ρ。如果 ρ 本身是一个很大的数值，那么，这一步计算将按比例缩小加速度的值。这并不让我们感到意外。在所有条件相同的前提下，扁豆汤流动的加速度比水的加速度小，不是吗？

　　右边的表达式包含了三个项，而每一项描述的都是影响流体在 x 点加速度大小的因素，它们依次为压力梯度、应力张量和外力。

　　压力梯度怎样求解呢？站在流体的某一点上，我们就可以找出压力减小最快的那个方向，也就找出了压力梯度——它是一个矢量，即式子中的 ∇P。我们知道，压力与流体的状态密切相关，尤其是与流体的温度、流量相关。假如不考虑其他因素，那么，我们凭经验也知道，压力的变化将使流体从压强高的地方流向压强低的地方，这可以解释为什么你打开飞船的压差隔离室就会被拽入太空。希望这个例子可以说明压力梯度对加速度的影响，这是纳维-斯托克斯方程引入压力梯度的原因。

　　第二项是应力张量，即式子中的 div（T），我们可以将 T 理解为在柯西应力张量（参见第 105 页）中探讨的应力张量，它描述了作用于某一点上的所有力的应力状态。在方程中，它考虑的是流体内的流动相对于周围流体产生的剪应

←　纳维-斯托克斯方程可以模拟流体运动，也以模拟气体运动。

物理的奥

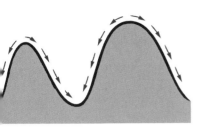

上图以高度表示压强。流体从压强高的区域流到压强低的区域，即流体沿着压力梯度向下流动。

力。而应力张量的另一个影响因素——压力，已经由 ∇P 计算在内了。如果将应力张量的散度考虑在内，那么，我们通过 div（T）得出的就类似于压力梯度——作为一个矢量，它描述的是剪应力在流体某一点上的变化情况。

最后一项 f 是一个概括性的描述，它将所有作用于流体的外力统一起来。为了精确地描述流体运动，f 计算的外力可谓面面俱到。比如，我们通常会将引力也包括在内，否则当我们将咖啡杯倒过来，杯里的咖啡就会是悬在空中的一滴杯子大小的咖啡！而事实上，咖啡被倒在桌布上是特别令人烦心的事情，对吧？

总结

就生活中真实的流体运动而言，波动方程只能够描述部分情形，但纳维-斯托克斯方程的适用性更强。

洛特卡-沃尔泰拉方程

　　洛特卡-沃尔泰拉方程模型极为简单，它的功能却异常强大，可以预测人口的增长与减少。

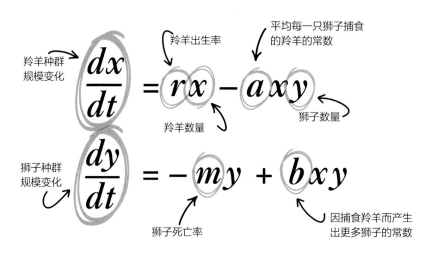

羚羊种群规模变化

羚羊出生率

平均每一只狮子捕食的羚羊的常数

$$\frac{dx}{dt} = rx - axy$$

羚羊数量

狮子数量

狮子种群规模变化

狮子死亡率

因捕食羚羊而产生出更多狮子的常数

$$\frac{dy}{dt} = -my + bxy$$

1. 洛特卡-沃尔泰拉方程的内容

　　一群羚羊栖息在一座食物充足的岛上。要是岛上只有羚羊，它们就一定可以在那里自由繁衍，快乐生长。可岛上还生活着羚羊的天敌，凶悍的狮子——不仅与它们争夺领地，还将其掠为三餐之食。

　　可想而知，如果岛上的羚羊数量充足，狮子的口粮就丰富，因而狮子数量就增长，种群就兴旺。但狮子捕食的羚羊越多，羚羊的总数就会越少。一旦岛上的羚羊不够多，狮子就会挨饿，总数就会减少。狮子少了，羚羊的生存又有了转机，一只只幼崽再次壮大了羚羊家族。羚羊多了，狮子的生

物理的奥

存机会又增大，一次次围捕再次减少了羚羊的总数。就这样此消彼长，循环往复。从生物系统的角度来讲，狮子与羚羊进行的竞争性互动简单易懂。

洛特卡-沃尔泰拉方程，又称掠食者-猎物方程，经常被用来描述生物系统中掠食者与猎物种群规模的消长。

2. 洛特卡-沃尔泰拉方程的重要性

最初，洛特卡-沃尔泰拉方程建模的目的在于理解、描述掠食者-猎物的生物系统。建模需要根据建模目的与问题分析作出简化假设，但假设的情形又总会与实际情况严重不符，所以，基于方程的模型需要不断地修正。

譬如，在上例中如果岛上从一开始就没有捕食羚羊的狮子，那么，羚羊种群的规模最终就会呈指数增长。

本节开篇呈现的方程中，如果狮子数量 $y = 0$，那么，第一个表达式即可简化为：

$$\frac{dx}{dt} = rx$$

通过简单的微积分运算，我们又可得出：

$$x = e^{rt} + c$$

新的等式告诉我们，羚羊种群呈指数增长！这意味着什么呢？

假设岛上原本只有雌、雄两只羚羊，它们每一代生产两只后代，那么，到 100 代的时候，岛上会有多少只羚羊呢？理论上，羚羊数量会比宇宙中的原子总数还多！这个结论在绝大多数生物学家眼里都是难以置信的，绝不可能发生。

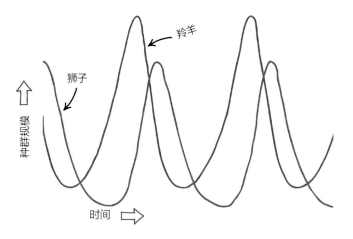

羚羊

狮子

种群规模

时间

← 根据洛特卡-沃尔泰拉方程模型，上图中的曲线可以表述狮子与羚羊种群规模随时间产生的变化。

如果仅仅从较短的历史时期来看，这种生物增长在实际生活中又真的发生过。

19世纪60年代，澳大利亚的欧洲殖民者为了丰富餐桌而在野外大量地放养兔子。兔子的繁殖能力实在太强了，各地的兔子数量出现了洛特卡-沃尔泰拉方程预测的疯狂增长，它们啃食农作物，危害畜牧业，而当地的食肉动物根本无力遏止它们。所以，在不到10年的时间里，澳大利亚不得不调整政策，从最初的引进兔子转换为疯狂地消灭兔子，还戏剧性地留下了一道"防兔篱笆"——实际上是三重人造防线，相互连接，绵延3000多千米，艰难地阻挡"兔灾"从东部向西部蔓延。兔子的寿命不长，让它们不受限制地自由繁衍生长却引发了灾难性的恶果。事情发生在150多年前，但今天的澳大利亚仍然在为严控兔子的数量而苦苦挣扎。那道漫长的"防兔篱笆"，如今更像一座纪念碑，可以帮助人们理解生物种群的指数增长。

争夺稀缺资源的竞争无处不在。因此，洛特卡-沃尔泰拉方程除了用于描述竞争性生物种群之外，还可以描述任何竞争性动因的前景，不仅在经济学、社会学和金融领域有广泛的应用，在资源管理、政府治理、神经网络研究和博弈理论分析等方面还出现了新的应用。

当然，以数学模型来分析、研究任何复杂的现象，其应用结果都只是近似值而已，洛特卡-沃尔泰拉方程模型也不例外。这与数学模型的假设一样，无论它有多么理想、完美，始终都只是对问题的假设罢了。

3. 扩展内容

我们也可以用"大器晚成"来形容洛特卡-沃尔泰拉方程——人类观察掠食者与猎物之间的生态演化，可以追溯到几千年之前，但这个方程直到 20 世纪 20 年代才问世。1925—1926 年，美国的阿尔弗雷德·詹姆斯·洛特卡（Alfred James Lotka，1880—1949）与意大利的维多·沃尔泰拉（Vito Volterra，1860—1940）分别独立发表了该方程。它也以两位发明者的名字联合命名，但二人都可谓生态学研究的门外汉。

从阿尔弗雷德·洛特卡的职业生涯来看，他只是一个喜爱学术研究的业余爱好者，但他认为世界是一个相互联系的庞大系统，物理学、化学、生物学相互交叉，而起支配作用的则是相同的能量交换基本原则。在他的眼里，化学、物理学、生物学在本质上是统一的。正是有了如此宽广的学术视野，他才能够创造性地以描述化学变化的简易模型为基础，提出了著名的掠食者-猎物方程。

维多·沃尔泰拉出生在意大利中部安科纳的犹太贫民区，为接受教育吃尽了苦头，最终依靠自己的勤奋成了著名科学家。他通过调查渔民的捕鱼产量，发现了亚得里亚海里鲨鱼与黄貂鱼之间的波动情况，提出了几乎与洛特卡方程完全一致的数学模型——他完成这一学术创举的时候，已经 66 岁了！1931 年，沃尔泰拉先生拒绝向独裁者墨索里尼宣誓效忠，被强制剥夺了所有的学术头衔，从此开始了遍及欧洲的流浪生活。沃尔泰拉在居无定所的艰难日子里，仍然坚持数学研究，几乎是在用生命来书写、发表数学著作。

两位研究者提出的方程模型在理论上都具有周期性特征，这意味着研究对象的行为模式会不断地重复——第 90 页上的双曲线插图，可以帮助我们理解羚羊与狮子种群规模的消长及消长行为的重复。更简捷有效的理解方法则是通过视觉化小工具"相空间"来形式化地定义行为模式的周期性。

洛特卡-沃尔泰拉方程中有两个变量：x，代表羚羊的数量；y，代表狮子的数量。倘若以 x 轴、y 轴分别代表两个变量，那么，坐标平面上用 x 和 y 来表示的每一个点，就可以分别代表不同情形下羚羊种群与狮子种群的数量。两个种群规模的消长，可以被理解为从一种状态"流向"另外一种状态，所以，每一个坐标点都可以标上箭头，代表模型预测的某一族群规模变化的趋势。

譬如说，狮子多，羚羊少，坐标点就靠近相空间图左上角且箭头朝下，这意味着会有狮子食不果腹；狮子多，羚羊也多，坐标点就靠近右上角且箭头向上，这表示狮子族群处于增长状态；狮子减少，羚羊就可以自由地生长，坐标点就靠近底线且箭头向右；羚羊数量"充足"，箭头就指向上方，表示狮子种群规模开始上升。

相空间图就是这样用箭头向下、向右、向上、向左画出来的——人工画图固然麻烦，但我们用电脑瞬间就可以画出来。通过相空间图，我们就可以清楚地"看见"生态系统

物理的奥秘

里的物种行为。

　　我们也可以把相空间图想象成从上往下鸟瞰的湖面，箭头代表湖水流向。我们向湖中扔一根木棒，并假设木棒在湖中的位置就代表狮子和羚羊两个种群的原始数量。木棒在湖中一定会"随波逐流"，所以，箭头指向就是木棒不断地前进的方向。湖岸静止不动，则可被视为"实线"——专业术语叫"吸引子"，它告诉我们——洛特卡-沃尔泰拉方程预测的结果是湖中的木棍将随着水流方向"画"出一个又一个的圆来。

　　此外，相空间图还告诉我们，假如木棒插入湖中的位置恰到好处，湖水就是静止不动的。在此情形下，木棒插入的位置可称为此系统的"平衡点"。换言之，该方程模型预测出了狮子与羚羊在数量上处于稳定平衡的态势。一只羚羊被

洛特卡-沃尔泰拉方程的相空间描述。

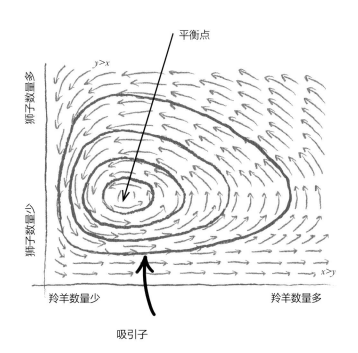

吃掉了，一只小羚羊又降生了。尽管自然界难以达到绝对平衡，但可能出现的情况是，被吃掉的和新出生的羚羊在数量上非常接近——"平衡点"附近的木棒此时会紧密地围绕着平衡点旋转，这意味着狮子和羚羊种群规模暴涨或暴跌的可能性非常小。

问题是，种群规模的变化还会受到其他因素的复杂影响，这大大地增加了预测的难度。但只需稍加扩展，洛特卡-沃尔泰拉方程模型仍然可以被用来解决此类复杂的预测问题，不过我们需要引入新的术语——混沌。

假设生物系统含有三种竞争性物种，那么，哪怕初始条件只有稍许的变化，物种之间互动的结果从长期来看也会有天壤之别。在此情形下，相空间的吸引子变成了"奇异吸引子"，它具有分形结构，是混沌运动的主要特征之一，有助于我们了解混沌系统中存在形态的规律问题。洛特卡-沃尔泰拉方程的第一个奇异吸引子是在 20 世纪 70 年代末被发现的，这在一定程度上催生了混沌理论——其研究对象就是那些支配规则简单但行为方式极其复杂的系统。

今天，建模研究方法的应用极为广泛，人们甚至为预测生物系统中最合适的物种数量建立了不同的分析模型。但是，这些模型是如何随着时间演变而来的呢？我们尚不知晓。

物理的奥

↓ 洛特卡-沃尔泰拉方程是混沌理论的起点之一。假如生物系统中只有两个种群，建模预测还不算复杂；但是，只要在系统中再增加一个物种，系统里的种间互动行为就会产生极其复杂的不稳定结果。

$$+z=$$ 混沌

总结

　　洛特卡-沃尔泰拉方程是分析掠食者-猎物关系的简易数学模型，它随时间而演变的结果却是惊人的，基于该方程的新应用甚至可以描述混沌系统中极其复杂、差别巨大的未来状态。

薛定谔波动方程

你听说过"薛定谔的猫"吧？薛定谔波动方程堪称它的"长兄"，描述了微观粒子运动背后的奇异景象。

波函数的变化率　　　拉普拉斯算符　　　　　潜在能量

$$i\hbar \frac{\partial}{\partial t}\psi(r,t) = -\frac{\hbar^2}{2m}\nabla^2\psi(r,t) + V(r,t)\psi(r,t)$$

狄拉克常数　　　　　物体质量　　　　　　　　波函数

1. 薛定谔波动方程的内容

经典力学描述物体运动时，利用了力与加速度之间的关系来建立方程，再加上少许额外的观测信息，就可以计算运动物体的位置、速度和方向。在通常情况下，建这样的方程会涉及已知的力、有关加速度的条件和位置的二阶导数，而方程的求解则要计算加速度，再用微积分求得速度和位置。

量子力学描述微观粒子运动也大概如此。只不过在量子世界里，"位置"和"速度"的变化不会按照我们所期望的方式来进行。在量子力学层面，微观粒子运动不再局限在一个定点，而是粒子在空间里扩散的波动。因此，在量子力学层面，我们不再求解运动方程，而是求解波动方程。更准确地讲，就是求解由奥地利物理学家埃尔温·薛定谔（Erwin Schrödinger，1887—1961）提出的波动方程。

2. 薛定谔波动方程的重要性

在量子力学基本方程中，薛定谔波动方程具有真正的基础性意义。

波粒二象性指所有的微观粒子或量子不仅可以部分地以粒子的术语来描述，也可以部分地用波的术语来描述，因此，它具有哲学意义上的神秘色彩。另一方面，正因为波粒二象性是微观粒子或量子的基本属性之一，我们才可以准确地预测微观世界的奇异变幻，才可以生动地勾勒出天地万物在微观层面的另一番景象。

不过，很遗憾，一些作者对违反常道的波粒二象性产生的热情过头了。他们凭想象提出的臆断性结论，至今难以为科学所验证。

尽管如此，物理学家仍致力于将奇异的微观世界与爱因斯坦的质能方程合二为一。前文提到，爱因斯坦提出的 $E = MC^2$ 描述了质量与能量之间的当量关系，其中，E 表示能量，M 代表质量，C 则表示光速（光速为常量，$C=299792458km/s$）。可以说，一旦物理学家成功地将二者合一，就将创建一个"包罗万象的理论"，那将是非凡的智力成果，必将为科学与技术带来新的突破。

在实际的生活领域，半导体技术、激光技术都是基于量子力学理论而派生出来的。假如没有量子力学理论，我们就生产不出如此丰富的微电子产品，更不会取得日新月异的应用成果——量子计算机、超导体、纳米技术、新型材料等，现在不是已经进入了我们的生活了吗？可以预见，到 21 世纪末量子力学将为人类的生活带来颠覆性的新变化。

3. 扩展内容

薛定谔方程式含有多个漂移项，所以，它看起来面目狰狞。下面，我们将它拆开来讲解——首先登台亮相的方程"明星"是符号 $\psi(r, t)$。它代表波函数，与 $3x + 2 = 8$ 中的未知数 x 一样，是我们需要求解的函数。当然，薛定谔波动方程的复杂程度，不是简单的一元一次方程能够企及的，但它们的基本原理相同。求出波函数 $\psi(r, t)$ 的值，就可以知道某一点上的粒子在时间 t 的波动情况。

方程左边表达式对含有时间的变量求微分。换言之，我们通过这个式子可以得到波函数随时间变化的变化率。这个变化率在概念上类似于"速度"，但它并不是真的"速度"。归根到底，我们这里谈的已经不是经典物理学了，粒子的形状有点像斯诺克台球，粒子运动被视为波。所以，我们可以说一颗台球以一定的速度运动，但我们以波函数来表示随时间而变化的粒子运动。

当然，如果你愿意，也可以将它称为"速度"。

所谓粒子"速度"，是两个常数 $i\hbar$ 相乘，其中，字母

↑ 爱因斯坦说："上帝不会掷骰子！"波动力在这个问题上保持中立立场，但究竟如何触微观粒子，大家至今各执一词，争议不断。

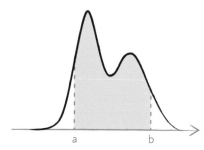

↑ 找到 a、b 两点之间粒子的概率，等于图中影部分的面积。

　　　　　　　　　　　　　　　　　物理的奥

i 是惯用的数学符号，它表示 $\sqrt{(-1)}$，意为用复数来表示二维空间。另外一个字母符号 $\hbar$，发音为 "h-bar"（"h 拔"），具有更重要的意义。它源自普朗克–爱因斯坦关系式 $e=h\nu$，意为每一份能量子等于普朗克常数乘以辐射电磁波的频率，其中，e 为粒子的能量，ν 为波的频率，h 为普朗克常数。$\hbar$ 为 $h/2\pi$，即普朗克常数除以 2π，其中，π 为圆周率常数。再将我们所学的知识稍加整理可知，$\hbar$ 有时又名狄拉克常数，以纪念英国理论物理学家、量子力学的奠基者之一保罗·狄拉克（Paul Adrien Maurice Dirac，1902—1984）。

方程式右边为两项相加。第一项为波函数取拉普拉斯算符：如果我们将一阶导数视为"速度"的话，那么，此处的取拉普拉斯算符则为体现"速度"变化方式的一种加速度。同样，它也是与一个常量分数值相乘，而这个常量分数值既涉及 $\hbar$，又涉及粒子的质量。一个类似于加速度的项乘以一个类似于质量的项，在一定程度上会让我们想起牛顿第二定律的表达式（参见第 16 页），其中，F 表示物体受到的合外力，m 表示物体的质量，a 表示物体的加速度。从某种意义上讲，牛顿第二定律堪称薛定谔波动方程的"远祖"。

第二项代表电磁场的外部效应。任何电磁场中都有粒子存在，而磁场状态变化会引发粒子的各种性能变化，所以薛定谔波动方程考虑到磁场效应是很自然的事情：如果我们想把粒子（或别的东西）拿起来瞧一瞧，它通常不会恰好处于一个与其他粒子完全隔开的位置。不过话说回来，倘若粒子在位置上真的与其他粒子完全分隔，我们可能对它就没有那么大的研究兴趣了。$V(r, t)$ 为势能函数，表示随着位置 r 和时间 t 变化的磁场势能。此处将时间变量 t 纳入其中，因为通常意义上的磁场是随时间变化而变化的，与波函数随时间变化是一样的。

玻尔

爱因斯坦

好了，这就是薛定谔波动方程了——波函数 ψ 的变化
率（乘以一个常数值）等于 ψ 的加速度（乘以另一个常数值）
加上粒子所在电磁场的效应。

薛定谔波动方程自诞生以来，取得了巨大的成绩，其中
的一个例子是用它成功地计算出了氢原子可能具有的能量等
级：氢原子的能量变化不是连续的，而是分为了一份一份的
"能量子"，类似于梯子一根一根的"横杆"。薛定谔波动
方程（加上线性代数方法）可以极其精确地计算出这些"能
量子"的值。

至此，你或许会问："这个波函数在物理世界代表

1927 年，当时世界上最出色的物理学家参[加]
在哥本哈根召开的索尔维会议。阿尔伯特·[爱]
因斯坦与丹麦物理学家尼尔斯·玻尔（Nie[ls]
Bohr，1885—1962）就量子理论的概率解[释]
进行了激烈的大辩论。

物理的奥[秘]

什么？"

这个问题真的很难回答。我们上面的讲述始于粒子，止于波函数。波函数可以描述粒子在任何空间扩散的情况，但波动方程是什么意思？

建议你大胆地从统计学的角度来看待波动方程。具体地说，$|\psi(r, t)|^2$ 的值可以解释为：在位置 r 和时刻 t 找到粒子的概率。

我们在实际观察粒子时，可以将"波函数坍缩"为一个简单的陈述句：波函数指某个位置上的粒子。可波函数本身告诉我们的是在某个时刻观测到粒子的概率。这样讲着实有些大胆，"观测到粒子的概率"，这话听起来好像意味着在位置 X 根本不存在粒子。

更准确的说法是，粒子是一个扩散的概率场，粒子可能存在于其中的任意位置，我们观测到的只是其中之一。用这种思维方式来看待粒子，波函数就犹如轮盘赌桌上骰子的概率分布。观测骰子需要两步：一是真实地转动轮盘，二是看骰子最终停在什么位置。观测骰子我们可以发现事实，比如其中一个事实是我们掷到的骰子数不会总是 35 点。

上面这些话委实令人费解，但是理解粒子确实让人费心、费神。

伟大的物理学家阿尔伯特·爱因斯坦提出的粒子解释颇为有名。他认为粒子存在的位置即观测到它的位置，观测仅仅是确定了粒子的位置。根据这一观点，波动方程中的概率元素在物理学理论上存有某种瑕疵，不能描述宇宙中真正的不确定性，所以，爱因斯坦说了一句名言："上帝不会掷骰子！"

与爱因斯坦针锋相对的"哥本哈根诠释"，它是形成于 19 世纪 20 年代的所谓量子力学理论。根据这一派的观点，我们应该勇敢地面对并承认宇宙在本质上是概率性的：从某种意义上讲，我们的观测实际上创造了我们所观测的物质。这一观点具有一定的吸引力，它有助于我们理解量子力学作出的某些预测，只不过要证实这些预测太难了——似乎需要比光速更快的速度，而这在相对论看来又是不可能的（参见第 69 页）。

　　爱尔兰物理学家约翰·斯图尔特·贝尔（John Stewart Bell，1928—1990）于 1964 年提出一条定理，即贝尔定理。该定理表明，量子力学不能以传统思维来解释，无论我们的解释看起来多么颖悟绝人。那些著名的物理学先驱对量子世界的解释可谓意义深远，量子世界本身却是怪诞诡奇的。

↓　氢原子的电子云（上图）测量结果与薛定谔波动方程的预测（下图）几近吻合。

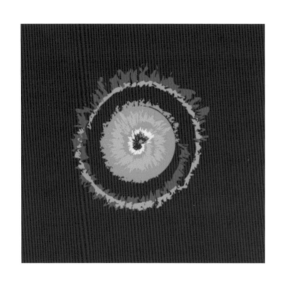

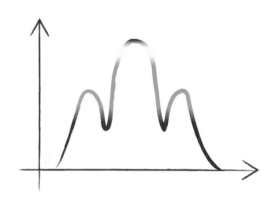

总结

　　经典物理学描述的是确定的宇宙，但量子力学似乎将宇宙变成了由机会与概率支配的世界，这至少是我们在解读薛定谔波动方程时获得的感受。

物理的奥

柯西应力张量

结构工程师用这套奇特的工具来描述在外力作用下物体的状态。

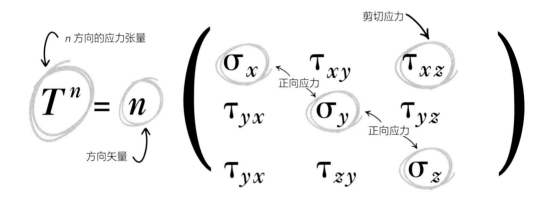

1. 柯西应力张量的内容

固体物质为什么不易散开呢？固体是物质的一种聚集状态，将固体的原子或分子聚集在一起的，是原子或分子之间复杂的引力网。固体物体在外力作用下可能会散开或变形。比如，你把一只水杯放在桌子上，桌子完全抗得住水杯的重量，所以桌子不会散架；假如你把水杯换成一辆卡车呢？桌子根本就承受不了卡车的重量，立刻就会被压得粉碎。

水杯和卡车，一个太轻，一个太重，或许不足以说明问题。那么，我们再假设一个不是那么极端的情形——我站在一张轻便的桌子上换电灯泡，结构工程师一听到桌子发出吱吱的声音，立刻就会想到应力的作用：如果桌子的应力与外力不匹配，桌子就会严重地变形。所谓应力，就

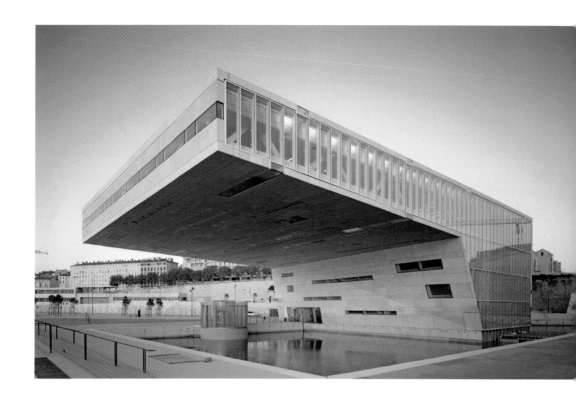

是当物体在各种外因（如受力）的作用下，内部的各部分之间产生相互作用的强度。房屋托梁之类的结构构件是建筑物或类似物体的承重构件，同样需要以应力来抵抗外力。只有结构工程师精确地计算出它们的应力，建筑物才会是绝对安全的。在建筑工地上，任何有关支撑荷载的定性估计都是不允许的——"这根托梁看起来很坚固啊。"——说这样的话在任何人听起来都是极不靠谱的。所以，我们应当更精准地定义应力。

↑ 上图为法国马赛的一座建筑，突出悬空的楼设计颇为大胆。实际上，只要我们能够正确算出它的应力张量，就可以相信此类异形结绝对是安全的。

物理的奥秘

上图为世界陆地上最大的断裂带东非大裂谷。在巨大的应力作用下，地壳发生大断裂，形成了极端地貌。

2. 扩展内容

　　柯西应力张量可以精准地定义应力。"张量"理论是数学的一个分支。"张量"之所以成为重要的数学概念，原因在于它收集信息的方式极其便捷。它是如何收集信息的，具体细节这里不展开讨论，我要介绍的是——以法国数学家奥古斯丁·路易·柯西（Augustin Louis Cauchy，1789—1857）的名字命名的柯西应力张量，实际上包含了一揽子应力分量，是我们在物体内某个点上能够找到并计算的全部应力。除此之外，柯西应力张量还可以计算某个点上的应力的净效应。如此说来，应力张量就像我们前面谈到过的矢量场（参

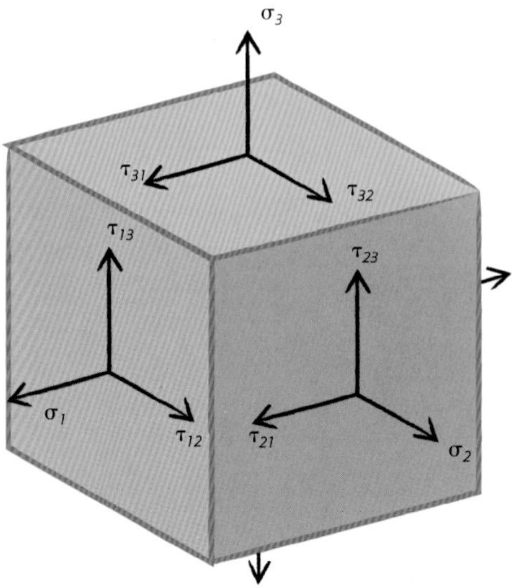

← 左图表现了 9 个应力分量是如何作用于微小正方体元素上的。

见第 1 页）一样了：物体内每个点的应力张量不同且随时间变化。

应力张量的分量，分别记作σ_x，σ_{xy}……——我们可以假想这个点位于一个微小正方体元素的中央，每一个分量就是作用于正方体正面、底面或侧面等不同面的应力。比如说，σ_x 分量可能表现为（从底面）上举正方体的应力，或者表现为（从顶面）下推正方体的应力——当我双脚站在桌面上，脚板下桌面内部的应力就表现为这个分量。同理推知，σ_y 分量可能表现为将正方体从一个侧面推向另外一个侧面的应力。而σ_z 分量就是另外一种可能性了，它表现为将正方体从前面推向后面的应力。

上述内容可以解释各种应力如何从不同的面作用于微小的正方体元素，但这还不是全部。想象一下：正方体相对的两面之间，会不会也产生应力呢？它们作用的方向刚好相反，就像一个在推，一个在拉。比如，一根挑梁的两端，一

物理的奥秘

端固定在墙上，一端挂着重物。重物向下的拉力，并未把挑梁从墙上拽下来，嵌在墙上那一端纹丝不动；但挂着重物的一端，也会产生一种向下的力，它相切于挑梁截面（剪切面），称为"剪切应力"或"剪应力"——诸如此类的应力分量，也包含在应力张量之内，在矩阵中就是外貌长得像 T_{xy} 的那几个。

上页的插图简洁明了，但又极其详细地描述了作用于微小正方体元素的应力张量及其 9 种分量。结构工程师习惯上将它们表述为张量场。特别令人欣慰的是，我们已经掌握了张量场的大部分数学特征。人们原本以为，如何解释数以十亿计的分子之间的相互作用是极其复杂的问题，但由于引入了张量场的概念，问题一下子就变得简单了，有了可行的解决办法。

总之，这详尽地描述了各种应力关系的数学模型，创造了一个又一个的工程奇迹，塑造了一座又一座的建筑奇观。

总结

根据物体受到挤压、拉拽或剪切等不同的应力作用，物体的应力有多个分量。张量将所有分量当作一个整体来描述，是一种极其实用的数学方法。

齐奥尔科夫斯基火箭方程

抛开用于战争的火箭技术不说，齐奥尔科夫斯基火箭方程开启了人类的航天时代。

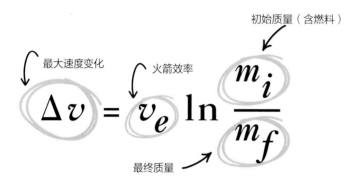

1. 齐奥尔科夫斯基火箭方程的内容

"火箭科学"用英语说是"Rocket Science"，但在英语中，"Rocket Science"和意为"大脑手术"的"Brain Surgery"一样，还可以用在日常习语中，隐喻说话者认为特别难以理解或做起来非常困难的事情。语言在实际生活中的巧妙运用，实则反映了在人们的心目中，火箭科学家和脑外科专家都是极为聪明的人。大脑手术的复杂性足以引起我们的好奇心，但我们似乎对火箭更感兴趣。点火！发射！这样的指令听起来可真带劲儿。或许，你会说，火箭升空了最终还是会掉下来，有什么大不了的啊？如果只是把火箭发射出去，的确没有什么了不起，但如果是用火箭载人升空并且完完整整地把人送回地球，或者是用火箭来攻击遥远的军事目标，那就非常了不起了。

发射火箭升空其实特别困难。最大的麻烦是如何通过加

物理的奥

齐奥尔科夫斯基火箭方程可以预测不同火箭的效率 (v_e)。右图中，橘黄色曲线表示火箭燃料燃烧时效率最高，此种情况下火箭能达到最快的速度。

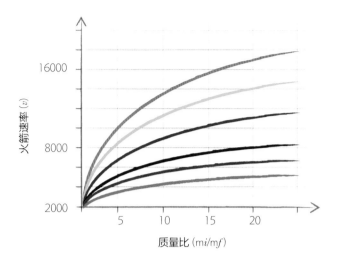

速度来克服地球引力。火箭需要减轻质量，因为它要提供的推力与质量成正比；为了获得强大的推力，火箭还需要瞬间燃烧大量的燃料，但是很明显，携带的燃料越多，火箭的质量就越大。这似乎又是一个悖论：为了获得更大的推力，需要更大质量的燃料；而质量越大，需要的推力就越大。

2. 扩展内容

1865 年，法国小说大师儒勒·凡尔纳（Jules Verne，1828—1905）发表了著名的科幻小说《从地球到月球》（*From the Earth to the Moon*），小说中主人公用巨型大炮发射了一艘船，完成了人类的登月壮举。1902 年，法国魔幻电影大师乔治·梅里耶（Georges Méliès，1861—1938）拍摄的电影《月球旅行记》（*A Trip to the Moon*），也有大炮把人发射到月球的情节。在凡尔纳、梅里耶两位大师生活的时代里，用大炮发射抛物体是经过了严格检验的普遍做法。但遗憾地讲，要使人类进入太空这个想法并不切实际。

　　早在 19 世纪的头十年里，人们就为了军事目的开始研究火箭并进行火箭实验，但是没有取得成功。1903 年，就是梅里耶的电影《月球旅行记》问世后的第二年，俄罗斯宇航之父康斯坦丁·齐奥尔科夫斯基（Konstantin Eduardovich Tsiolkovski，1857—1935）用俄语完成并发表了他的火箭方

↑ 德国纳粹制造 V2 火箭的秘密军工厂犹如人间地狱，骇人听闻的工作条件夺去了上万名被役者的宝贵生命。这一数字远高于火箭本身造成的死亡人数。

物理的奥

右图为齐奥尔科夫斯基本人的设计。设计图看起来简略了一些，但它们连同当时的实践，开启了一个由空气动力学和火箭推进的闪亮的未来。

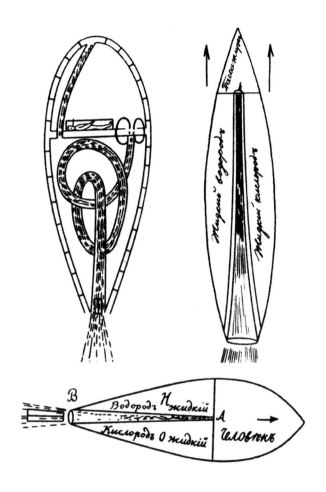

程，但当时没有引起太多的关注。他的火箭研究在 1917 年十月革命之后，才日渐声名大噪，极大地推动了苏联的太空计划。

　　齐奥尔科夫斯基的设计涵盖了许多相关设备，除了火箭之外，他还设计了大气压力调节舱、生命保障系统以及具有人工重力的旋转空间站。他的火箭方程及火箭设计，推动了太空竞赛，也引发了军备竞赛。其中最著名的军用火箭当属德国导弹之父沃纳·冯·布劳恩（Wernher von Braun，1912—1977）设计的 V2 火箭，仅在第二次世界大战的最后一年里，就向同盟国发射了大约 3000 枚。

齐奥尔科夫斯基的火箭方程，可以计算在给定火箭重量、给定燃料重量的情况下火箭在发动机工作期间获得的速度增量。特别重要的是，他的火箭方程指出，火箭增加的燃料重量只会带来速度的对数增长，这意味着什么呢？简单地说，就是随着火箭携带燃料的增加，起到的作用将越来越小。

齐奥尔科夫斯基的火箭方程，与本书谈到的好几个方程一样，单用一个方程就干净利落地解决了多个参数影响下的速度增量问题。同样，他的火箭方程也是相对简单的模型——它没有考虑空气动力，也没有考虑地球引力等重要的因素。

齐奥尔科夫斯基的火箭方程催生了现今的太空技术。哈勃空间望远镜、国际轨道空间站、全球定位系统（GPS）和千万颗专用卫星，无不得益于该火箭方程。

总结
要想真正让火箭升空，最关键的一步是理解燃料、质量和加速度之间的关系。

物理的奥

自由度

自由度是机器人计算的核心概念，也是理解高维空间的捷径。

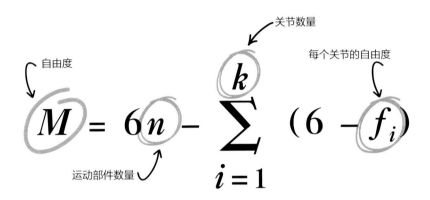

1.自由度的内容

直升机悬停在空中，我们应该怎样描述它的运动状态呢？直升机飞行的方式多种多样：它可以向前飞，也可以向后飞。向前、向后可以单独以数字表示，向前记为正数，向后记为负数——正数表示直升机向前飞行多少米，负数表示它向后飞行多少米。同样的道理，直升机可以侧向飞行，这又可以被分别地表示为不同的数字。比如，用正数表示向右侧飞行，用负数表示向左侧飞行。这两组正负数分别表述不同方向的飞行距离，不能合二为一。但是，我们似乎还需要别的数字——直升机还可以向上、向下飞！除此之外，直升机还可以做出其他动作——首先，它可以旋转。比如，它的机头可以向下或向上——飞行员称之为"俯仰"。此时，我们又假定俯仰动作是不同方向的运动，可以用第四组数字来表示俯仰的不同角度。

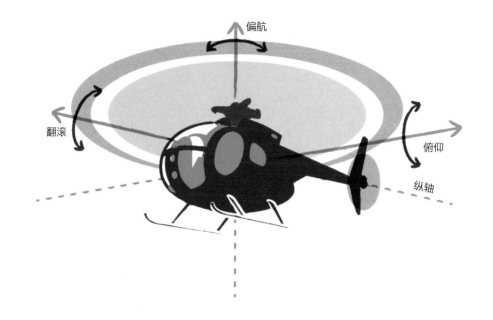

其次，直升机还可以做出两个动作："翻滚"和"偏航"——笔者不确信让直升机翻筋斗是不是个好主意，但也不知道该用什么词来描述了。无论怎样，翻滚和偏航两个动作还需要用两组数字来表示，习惯上称为翻滚角和偏航角。

总之，直升机可以有六种运动状态，其中，三个平移运动，分别为垂直运动、前后运动、侧向运动；还有三个旋转运动，分别为俯仰运动、翻滚运动、偏航运动。这六种运动状态，就是我们说的六个自由度。

2. 扩展内容

直升机的位置，或者说直升机特殊的飞行运动，可以用六个独立的数字来描述。这类似于用坐标来描述空间里的点，但困难在于我们需要同时描述多个点。这可难不倒聪明的数学家！他们自有妙招来解决空间里的多点问题。他们用的妙招就是线性代数。可以说，线性代数才不在乎空间的维

↑ 飞行物体有六种运动状态，即六个自由度：个平移运动，分别为垂直运动、前后运动、向运动；三个旋转运动，分别为俯仰运动、滚运动、偏航运动。

物理的奥

机械手的关节可以赋予它更多的运动方式。关节类型不同，机械手的自由度也不同。

数呢。所以呢，下一次你再见到直升机，就可以和朋友分享你的知识了："瞧，这是一个六维空间！"

假如我们把直升机换作三维空间里的物体，就可以轻松地把它的运动状态描述为三个方向的平移运动、三个方向的旋转运动。这也是其他技术领域，比如计算机可视化和三维动画技术定义物体位置或运动状态的标准做法。当然，旋转可能会麻烦一些。

但是，一旦物体的系统受到了各种限制，描述物体的运动状态就有趣多了。譬如说，关节型机器人的机械手通过机械连杆来完成动作。那么，机械连杆的运动又该如何描述呢？在此情形下，机器人的关节会以不同的方式限制机械连杆的自由度。

再举一个生活中的简单例子：房门。我们可以把房门理解为木制的或其他材质的长方形，它与直升机一样有六个自由度，在空间里也有六种运动状态。但是，一旦我们用合页将它固定在门口，那么，一道平开门就只有一个自由度了，那就是它的"横摆"。房门一旦被固定在墙上，就不能通过改变位置来做那么多的运动了，它可以旋转，但旋转的轴向只有一个了。房门的合页犹如关节，但它只有一个自由度。一只合页单枪匹马就将门的六维空间击碎了！在一维空间里，房门能做的动作就只有旋转了。因此，房门的运动状态或位置，只用圆弧的角度就可以描述。

总结

从某种意义上讲，飞行中的飞机是一个六维空间。但令人惊讶的是，这样看待飞机的方法，还真的有助于我们理解物体的运动状态。

弗勒内-塞雷标架

人类根据苍蝇飞行的曲线研究太空探测器的飞行轨迹。

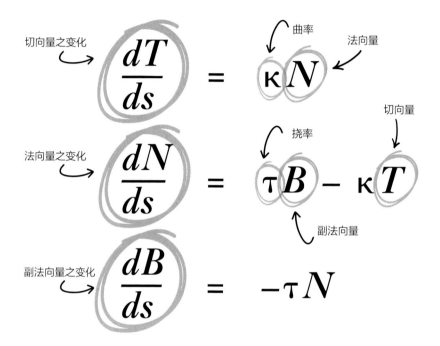

切向量之变化 $\dfrac{dT}{ds} = \kappa N$

曲率 法向量

法向量之变化 $\dfrac{dN}{ds} = \tau B - \kappa T$

挠率 切向量 副法向量

副法向量之变化 $\dfrac{dB}{ds} = -\tau N$

1. 弗勒内-塞雷标架的内容

让我们想象一种情景吧：有一只苍蝇在房间里嗡嗡地
飞，它的头的朝向就是飞行方向。它可以一边飞，一边伸出
一只右脚，用来指示自己飞行路线的"右侧"。我们也可以
假设是自己在嗡嗡地飞，头戴一顶圆锥形的帽子，可以用它
指示自己感知中的"上方"，哪怕你正在冲向自己"轰炸"
的目标——那一块香飘十里的蛋糕！

苍蝇飞行时，它持续感知的是向前、向上、向右三个空

物理的奥

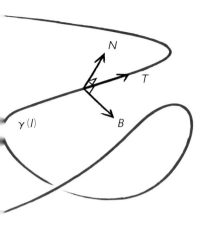

苍蝇在房间里飞来飞去，其切向量指向前方，法向量指向头部上方，副法向量指向右方。

间上的方向。当然，在旁观者眼里，苍蝇的飞行方向是在前后、左右和上下之间不断变化的。我们还可以把三个方向想象为自己射出的三支箭矢，且三支箭矢互为直角。用专业术语来讲，向前的箭矢为"切向量"（T），向上的箭矢为"法向量"（N），向右的箭矢为"副法向量"（B），三个向量共同构成一个"参考系统"，帮助我们感知自己置身的空间。当然，这个"参考系统"是随我们的移动而移动的，可以不断地为我们提供空间参照。

在给定时间内，三个向量的计算结果取决于飞行轨迹的曲率 κ 及挠率 τ，τ 代表英文单词"torsion"，是测量三维空间里曲线轨迹扭转程度的计量单位。弗勒内-塞雷标架告诉我们，当时间为定值时，曲率、扭率决定了物体的运动状态。

总之，对苍蝇飞行轨迹进行几何分析，我们可以看到一些简单的事实，这或多或少有助于了解弗勒内-塞雷标架，了解它的作用是描述曲线的切向量、法向量及副法向量之间的关系。

2. 扩展内容

地球以每小时 1600 多千米的速度自转，它围绕太阳公转的速度则更快。在整个宇宙中，没有一个点是静止不动的。换言之，我们进行的任何测量，都不可能从一个不动点开始。因此，为了能定量地描述物体运动，我们需要选取一个空间参考系——这里指不受加速度作用的"惯性参考系"。而且，为了能相互理解各自的描述，我们还需要使用相同的数学语言，以免各说各话。

实际上，人类很早就开始探讨如何选用包括动态参考系在内的空间参考系了。相关研究至少可以追溯到伽利略时

代，几乎和现代物理学一样历史悠久。人们发现，无论是解决简单抑或棘手的空间问题，选用一个便利的参照系都极为重要。

弗勒内-塞雷标架的独特之处，在于为我们提供了对曲线进行几何描述的方法。它可以描述各式各样的曲线，包括连续运动物体的轨迹。它的本质可以被解释为：如果说过山车是按曲线轨迹运行的，那么，弗勒内-塞雷标架描述的就是我们乘坐过山车时的感受。

在一般情况下，弗勒内-塞雷标架还可以简化我们的运算。关于这一点，可以想想下面这句话："假设我们自己是

↑ 飞机的雾化尾迹，俗称飞机拉烟，显示出飞的飞行轨迹为曲线。弗勒内-塞雷标架让我可以从飞行员的视点来观察飞机的曲线轨迹

物理的奥

处于运动状态的一个特定的点，需要移动到下一个点，那么，弗勒内-塞雷标架告诉我们的就是如何到达下一个点。"在这句话中，用"下一个点"来解释数学概念并不严谨，但足以帮助我们勾勒出一幅直观的图像。

在大多数情况下，我们认为空间是三维的，动点在三维空间的运动曲线是由时间决定的。我们也可以想象自己是在闵可夫斯基这样的四维空间中运动的。在上述情况里，弗勒内-塞雷标架将变得复杂，其中将包含四个向量，分别对应四个维度。

总结

我们在空间里的移动方向，会随着移动而发生改变。用运动物体空间参考系来描述我们的移动，可以让我们获得直观的感知，也可以使众多方程的求解变得更为简单。

译后记

　　当闻春国先生推荐我来翻译这部《物理的奥秘》时，我其实有点忐忑。从事外语教学 30 年，总是珍惜每一次译介外国优秀作品的机会，却从来没有想过会翻译一本关于物理方程式的科普著作。

　　收到出版社编辑寄来的原著后，我马上开始阅读。我理解，原文是翻译实践的第一个步骤，而文本细读的过程，或许可以类比为解方程的过程。译者只有首先求解原文语义、风格等"未知数"，才有可能以"信、达、雅"为标准使原文与译文两个"数学式"之间的相等关系成立。可是，"有可能"究竟是指多大概率？这是一个不确定的问题。但可以确定的是，原文与译文之间的等号"＝"，应该是译者苦心追求的理想目标；以翻译效果而论，原文与译文之间顶多可以画上约等号"≈"，表示一种近似相等的关系。

　　我原本以为，阅读本书与解方程一样，必定让人望而却步。然而，作者理查德·科克伦博士书写复杂内容的方式，却是极为简易：每一个方程的构成、作用和历史，无一不是条理清晰地呈现出来；深奥的理论术语，则借助于生活现象以"例"服人。比如，"熵"是什么？"熵"是泛指一个系统混乱程度的量度。"熵"永不减少，是关于热力学第二定律的经典表述之一，但普通读者又该如何理解呢？作者以一杯热气腾腾的咖啡为例，分析指出热量从热咖啡里流出，消失在四周的空气里，这便是咖啡会变凉的道理了，但咖啡的热气分子在更大的空间里有了更多的状态 —— 整个系统的"总熵"就增加了。

　　或许，我们会想：方程式与日常生活有什么关系呢？是有关系的。譬如，用某种方法把金属片加热，它的热流动会是什么样子呢？这个物理现象可以用热方程来描述。而我们在拍摄了数码照片之后，也可以用热方程来对图像进行去噪处理，以提高图像的清晰度。再如，波动方程由麦克斯韦方程组导出，是一种重要的偏微分方程，主要描述自然界中的各种波动现象——这听起来很难理解，对吧？但是，波动方程既可以被用于检测人体内部器官的超声波技术，又可以被用来解释婉转悠扬的笛声为什么极为纯净、简单。如此贴近生活的例子，在本书的各节比比皆是。阅读本书，犹如与侃侃而谈的智者对话，那些令人生畏的方程式，其实与我们的生活息息相关。

本书的翻译统筹刘荣跃先生早在 2009 年就提出了译文的"文采"问题。刘先生讨论的翻译对象是散文，但译文须具有文采的标准，同样适用于科普著作的翻译。郭建中先生认为，科普著作具有四大特点，即科学性、文学性、通俗性和趣味性。若以再现科普著作的这四大特点为任务，译文就需要表现出赏心悦目的文采，但如何使文字通顺、流畅、漂亮，译者就需要下功夫琢磨了。举例来说，"骆老师是一个翻译老师"，这话听起来就不太自然；"骆老师教翻译"，才更符合汉语遣词造句的习惯。

在译前的准备环节，查询专业词典与文献无疑是必要的，但更快捷、更有效的准备方式则是咨询专业人士。什么是"驻波"？高压锅如何通过气压来提升沸点？凡此种种，我就是在与杨珂、钟锐锋二位朋友散步时得到答案的。在翻译操作阶段，译者则应该放下"没讲明白"的思想包袱，相信并尊重译文读者理解作品的能力。正如张春柏先生所说，读者"不希望自己读到的是被稀释、化掉、篡改过的作品，而前面却冠着一位伟大作家（如莎士比亚）的姓名"。

最终呈现给读者的译本，是译者、译审和编辑等相关人员共同努力的结晶。在此，特别感谢闻春国先生以丰富的翻译经验和深厚的英汉双语能力校阅译稿，他提出的许多中肯建议，极大地提升了译本的质量！

感谢本人所在单位领导及同事的关心与帮助！感谢家人及朋友的陪伴与支持！

是为译后记。

骆海辉

2020 年 4 月 9 日

物理的奥秘

致谢

感谢克莱·丘利（Clare Churly）以自己的真知灼见为笔者提供了许多创意；感谢罗伯特·金厄姆（Robert Kingham）以明察秋毫的洞察力为笔者校阅了书稿，并提出了修改意见；感谢内森·查尔顿（Nathan Charlton）和安德鲁·麦盖蒂根（Andrew McGettigan）帮助笔者厘清了思路等。

在此，特别要感谢笔者在伦敦艺术大学中央圣马丁学院、伦敦 City Lit 成人培训学校、伦敦玛丽女王大学及其他地方的同事及学生。

照片来源

3 Getty Images/Dorling Kindersley, 22 Getty Images Prisma/ UIG via Getty Images,24 Getty Images/Apic,27 REX Shutterstock/ Universal History Archive, 35 REX Shutterstock/ Universal History Archive/Universal Images Group,36 Alamy/ Hilary Morgan, 39 Alamy/Patrick Eden, 42 istockphoto. com/ jamesbenet, 51 REX Shutterstock/PhotoserviceElecta/ UIG, 55 Shutterstock/Blackspring, 57 istockphoto.com/ ocipalla, 82 left Shutterstock/Balazs Kovacs Images, 60 right Shutterstock/Balazs Kovacs Images, 63Alamy/WS Collection, 64 istockphoto.com/clearviewstock,72Alamy/JG Photography, 78 istockphoto.com/StephanHoerold, 86 istockphoto.com/ sandsun, 101 Institut International de Physique Solvay via Wikipedia, 106 REX/Shutterstock View Pictures, 107 Alamy/ Ulrich Doering, 112 REX Shutterstock/ Universal History Archive, 113Alamy/INTERFOTO, 117 Dreamstime.com/ Edurivero.

图例来源

Octopus Publishing Group would like to acknowledge and thank the following for source material used in illustrations: 31 CSIRO and www.atnf.csiro. au/outreach/education/ senior/cosmicengine/renaissanceastro. html, 34 Reprinted with permission from Encyclopaedia Britannica, © 2011 by Encyclopaedia Britannica, Inc., 38 Josell7 at English Languag Wikipedia, 44 Yahoo Finance (https:// finance.yahoo.com/), 55 Richard Fitzpatrick, The University of Texas at Austin, 58 James Bassingthwaighte, Gary M Raymond, www.physiome. org ,70 http://physics.stackexchange.com/ questions/60091 how-does-e-mc2-put-an-upper-limit-tovelocity-of-a-body, 79Loodog at English Language Wikipedia, 96 Duk at English language Wikipedia, 103© American Physical Society, 108Sanpaz at English Language Wikipedia.
Every effort has been made to contact copyright holders. The publishers will be pleased to make good any omissions or rectify any mistakes brought to their attention at the earliest opportunity